《基礎固め》

生 物

松村瑛子
安田正秀 著

化学同人

はじめに

　生物学は，いまや，現代人なら誰もが学んでおくべき学問になってきている．医学が大きな進歩を遂げ，新鮮な臓器さえあれば臓器移植が可能な時代になった．そこで脳死の問題が生じてくる．脳死とはどのような死なのか．脳死は人の死なのかどうか．自分自身の問題として考えておく必要がある．いまでは，いくつかの遺伝病については原因遺伝子がつきとめられ，遺伝子治療も開始された．遺伝病の保有者を，生まれてくる前から判定する遺伝子診断も可能になった．その判定をどのように生かすのか．その判断も大事なことであろう．とくに倫理の問題とも関連して自分自身の意見をもつ責任も生じてくる．また，地球上の酸素の大きな供給源である熱帯雨林は，その伐採がどんどん進み，南米アマゾンの原生林はあと数十年でなくなってしまうといわれている．環境破壊を引き起こした原因は，生態系の重要性に対するわれわれの無知が原因の一端にあるとも考えられる．このような観点から，現代を生きるわれわれにとって生物学のバックグラウンドをもつことは必要不可欠のことである．

　さて，大学で生物学を担当していて最も困っている問題は，高校で生物をしっかり勉強してくる学生がほんの少ししかいないという現状である．大学としての生物学を教える前に，まず高校生物の補講から始めることになる．結局，皆にわかるように「広く浅い」授業をすることになるので，生物をよく勉強してきた学生（たぶん，生物が好きな学生であろう）は大学の生物学に興味をなくし，生物を勉強してこなかった学生には，生物はさっぱりわからないということになる．一番気の毒なのは学生の皆さんである．本来，生物学は，私たちの日常生活や健康とも密接に関連した大変面白い学問であるし，教える内容を毎年勉強しなおさなければならないほど日進月歩の興味深い世界でもある．本書は，高校で生物を勉強しなかった学生が生物学の基礎を理解し，これから学ぶ大学生物学や生化学の講義に期待をもってくれるようにと願って執筆したものである．

　浅学の身をかえりみず，広範囲な内容に触れたため，多くの先学の師の著作などを参考にさせていただいた．それらの本は巻末に記し，改めて感謝の意を表したい．最後に，本書の出版にあたりなみなみならぬご援助をいただいた化学同人の稲見國男氏に深く感謝する．

2002年　早春

　　　　　　　　　　　　　　　　　　　　　　　著者を代表して　松村　瑛子

目 次

第1章　生命の単位(1)　細胞および生体の構造と機能　　1
- 1.1　細胞の多様性　　1
  - 1.1.1　原核細胞と真核細胞　　1
  - 1.1.2　動物細胞と植物細胞　　2
- 1.2　真核細胞の構造と機能　　3
- 1.3　生体の構造と機能　　8
  - 1.3.1　動物の組織と器官　　8
  - 1.3.2　植物の組織と器官　　11
- 【章末問題】　　13

第2章　生命の単位(2)　生体を構成する成分　　15
- 2.1　細胞を構成している成分　　15
  - 2.1.1　水　　15
  - 2.1.2　タンパク質　　16
  - 2.1.3　脂　質　　21
  - 2.1.4　糖　質　　25
  - 2.1.5　核　酸　　29
  - 2.1.6　無機質　　33
- 【章末問題】　　34

第3章　生命を維持する働き(1)　生体内の化学反応と独立栄養生物の代謝　　35
- 3.1　酵　素　　36
- 3.2　独立栄養生物の代謝 ── 光合成　　39
- 【章末問題】　　42

第4章　生命を維持する働き(2)　従属栄養生物の代謝 ── 物質代謝，エネルギー代謝　　43
- 4.1　異　化　　43
- 4.2　同　化　　51
- 【章末問題】　　52

第5章　生命の連続性 ── 遺伝(1)　遺伝の決まり　53

- 5.1　メンデルの法則　53
- 5.2　性と遺伝　56
  - 5.2.1　性染色体と性の決定　56
  - 5.2.2　伴性遺伝　57
- 【章末問題】　58

第6章　生命の連続性 ── 遺伝(2)　生命を支配する遺伝子　59

- 6.1　遺伝子の発見　59
- 6.2　遺伝子はどこにあるか　60
- 【章末問題】　62

第7章　生命の連続性 ── 遺伝(3)　遺伝情報の流れ　63

- 7.1　遺伝作用 ── DNAの複製　63
- 7.2　形質発現 ── タンパク質の合成　66
- 7.3　遺伝暗号（コドン）　70
- 7.4　遺伝子の形質発現の調節　71
- 7.5　DNAの損傷と修復　72
  - 7.5.1　DNAの損傷　73
  - 7.5.2　DNAの傷の修復　74
- 【章末問題】　76

第8章　生命の連続性 ── 発生と分化(1)　細胞の増殖　77

- 8.1　細胞周期　77
- 8.2　染色体　79
- 8.3　細胞分裂　79
  - 8.3.1　体細胞分裂　80
  - 8.3.2　減数分裂　82
- 【章末問題】　82

第9章　生命の連続性 ── 発生と分化(2)　受精と発生　83

- 9.1　卵子の形成 ... 83
- 9.2　精子の形成 ... 85
- 9.3　受　精 ... 86
- 9.4　発生の過程 ... 88
- 【章末問題】 ... 91

第10章　生命の連続性 ── 発生と分化(3)　発生のしくみ　93

- 10.1　卵の調節能 ... 93
- 10.2　胚の予定運命と決定 ... 95
- 10.3　形成体と誘導 ... 96
- 10.4　胚細胞の造形運動 ... 98
- 10.5　遺伝子の全能性 ... 98
- 【章末問題】 ... 100

第11章　生命を守る働き(1)　恒常性の維持　101

- 11.1　内部環境を形成する体液（血液，組織液，リンパ液） ... 101
- 11.2　自律神経系による内部環境の調節 ... 103
- 11.3　内分泌系（ホルモン）による内部環境の調節 ... 106
- 11.4　自律神経系と内分泌系による調節 ... 109
- 【章末問題】 ... 111

第12章　生命を守る働き(2)　生体防御機構 ── 免疫　113

- 12.1　免疫系 ... 113
- 12.2　免疫を担っている細胞とその機能 ... 114
- 12.3　免疫系の作用機構 ... 115
- 12.4　抗原と抗体の定義 ... 117
- 12.5　免疫と疾患 ... 118
- 【章末問題】 ... 122

第13章 ポストゲノムの生物学　123
- 13.1 21世紀は"脳の世紀"……………………………………………………123
- 13.2 遺伝子診断と遺伝子治療…………………………………………………125
- 13.3 植物の遺伝子テクノロジー………………………………………………126
- 13.4 21世紀における新しい医療技術"再生医療"……………………………128

参考図書　130
索　引　131

コラム

- 核しかもたないウイルス　7
- タンパク質の一次構造の重要性（鎌形赤血球）　21
- 生命活動解明に進む"糖鎖"研究　32
- ヒト・ゲノム解析計画（HUGO）　61
- 紫外線と皮膚がん　75
- 同じ細胞どうしをつなぎとめている物質"カドヘリン"　97
- アポトーシス　99
- AIDS（後天性免疫不全症候群）　119
- 輸血反応　121
- アルツハイマー病　124
- ゲノム時代の医療　125
- 食べられるワクチン　127

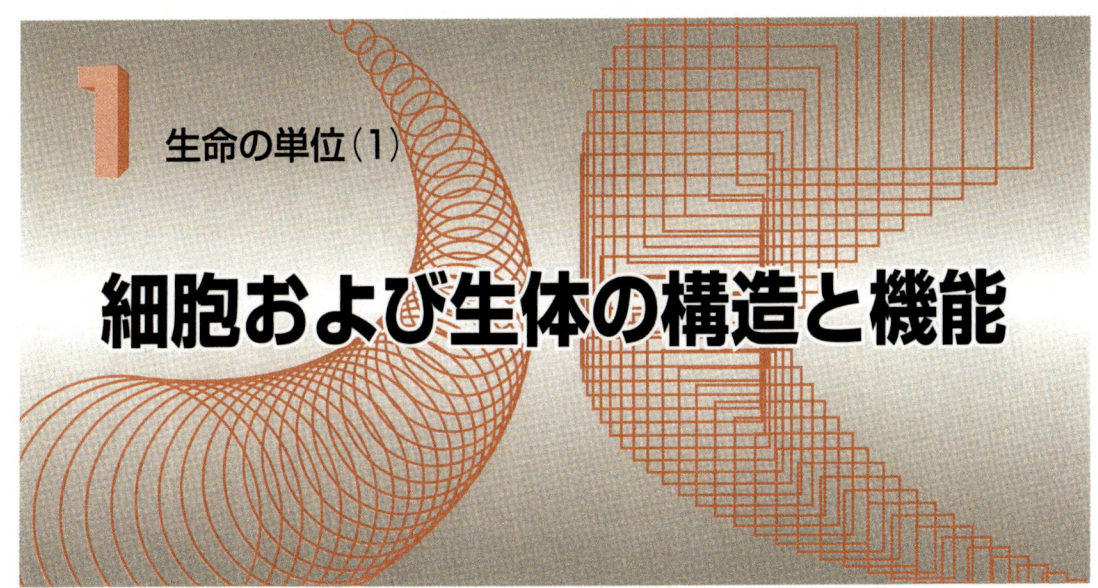

1 生命の単位(1)

細胞および生体の構造と機能

　この地球上には，130万種を超える生物が生息している．この中には，ゾウやクジラのような巨大な生物から，顕微鏡でしか見ることができない微小な生物まで多種多様である．これらの生物はすべて細胞が集まってできており，それぞれの生物によって細胞の数や集まり方が異なっている．たとえば，ヒトの体は，形状・大きさ・働きの異なった約200種類の細胞がおよそ60兆個集まってできているといわれている．このように，多くの細胞から成る生物を多細胞生物という．一方，細菌やゾウリムシのように1個の細胞で1個体ができている生物もあり，このような生物を単細胞生物という．多細胞生物でも単細胞生物でも，その生命の基礎が細胞にあることには違いがない．

1.1 細胞の多様性

1.1.1 原核細胞と真核細胞

　細胞は，核膜で包まれた明確な細胞核をもたず細胞内の構造も簡単な原核細胞とよばれるものと，核膜で囲まれた細胞核をもち多くの細胞内小器官を備えた複雑な構造をしている真核細胞とよばれるものとに大別される．原核細胞では，DNA (deoxyribonucleic acid，デオキシリボ核酸．p.31参照) は裸のまま集合し核様体を形成している (図1.1)．原核細胞から成る生物を原核生物といい，細菌 (バクテリア) とラン藻類がこれに属する．真核細胞からなる生物を真核生物といい，細菌とラン藻

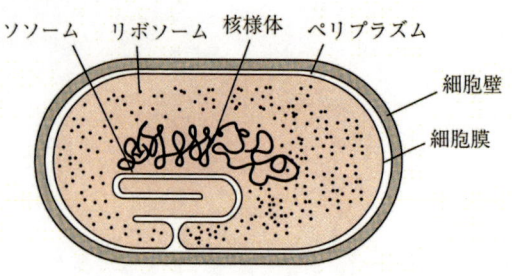

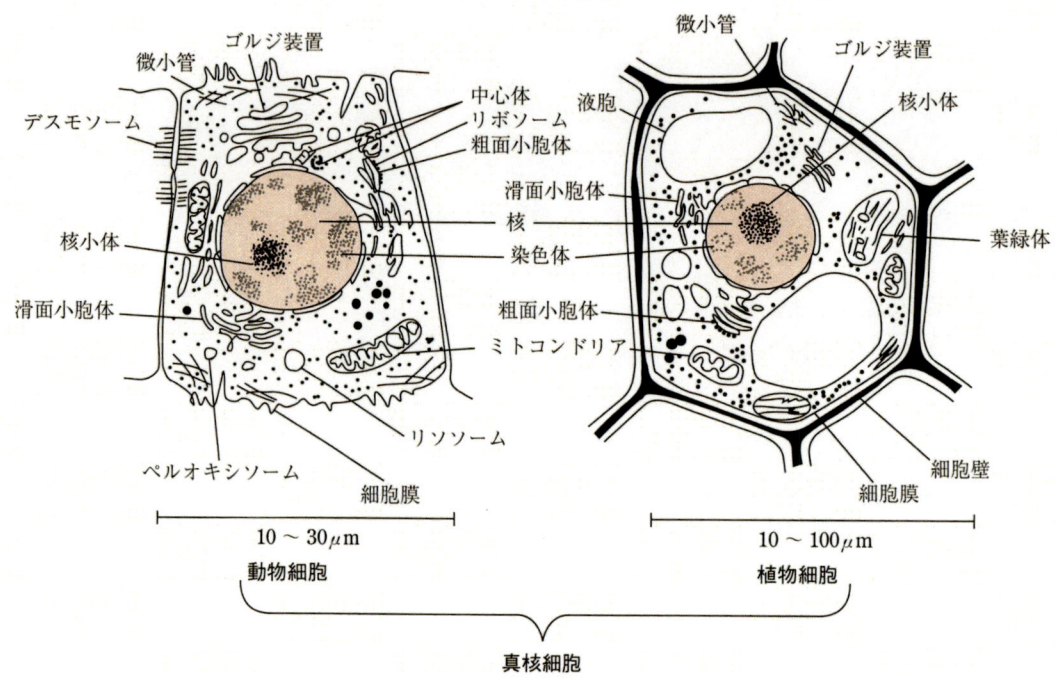

図 1.1　細胞の構造模式図

類を除くほとんどの生物はこれに属する．

1.1.2　動物細胞と植物細胞

　真核生物でも，動物と植物とでは構成している細胞の基本構造が異なっている．植物細胞では，細胞膜の外側に細胞壁とよばれるじょうぶな層がある．また，光合成を行うための葉緑体があり，液胞がよく発達しているのも植物細胞の特徴である（図1.1）．

1.2 真核細胞の構造と機能

真核細胞は，核とこれを取り囲む細胞質からなり，核と細胞質を合わせて原形質という．細胞質には，ミトコンドリア，小胞体，ゴルジ体，リソソームなど多くの細胞小器官（オルガネラ）が存在し，それぞれ特異的な機能を果たしている．それぞれの細胞小器官の間は，液状の成分（細胞質基質）で満たされており，その外側を細胞膜が包んでいる．

主要な細胞小器官の相対的な大きさは図1.1に示すとおりである．また，図1.2に細胞膜の構造を，そのほかの細胞小器官の構造を図1.3（次ページ）に示した．

細胞膜：細胞の内と外を仕切る細胞膜は，リン脂質の疎水結合による二重層膜（脂質二重層）からできており，このため流動性がある．膜に埋め込まれたり，膜表面に付着しているタンパク質は，酵素，イオンチャネル，受容体，運搬体として重要な働きをしている．また，コレステロール分子も組み込まれて細胞膜の重要な構成成分となっている．タンパク質や脂質の表面には糖質（オリゴ糖）が結合して膜表面に突きでている．このような膜構造は固定したものではなく，タンパク質は脂質分子の中を横方向に自由に移動すると考えられており，このような構造を流動モザイクモデルとよぶ．小胞体膜，核膜，液胞膜，ミトコンドリ

> **疎水結合**
> 水分子と親和性の少ない非極性基（疎水基）が水溶液中で互いに集まろうとする相互作用．

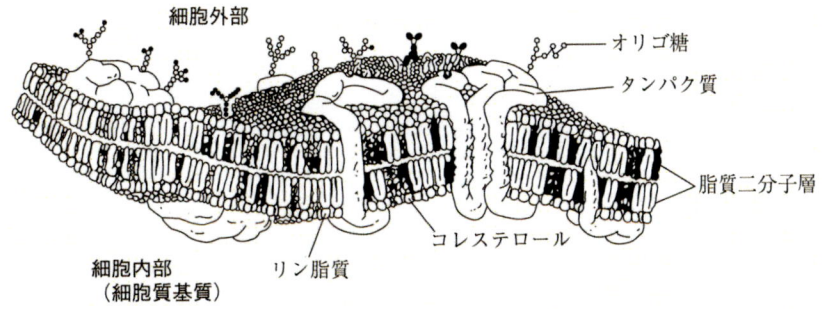

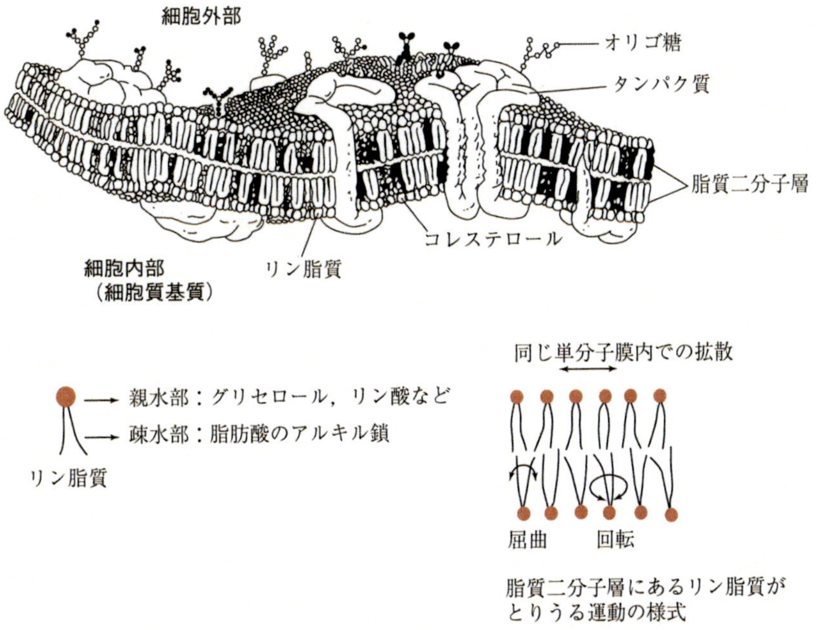

図1.2　細胞膜の分子構造モデル

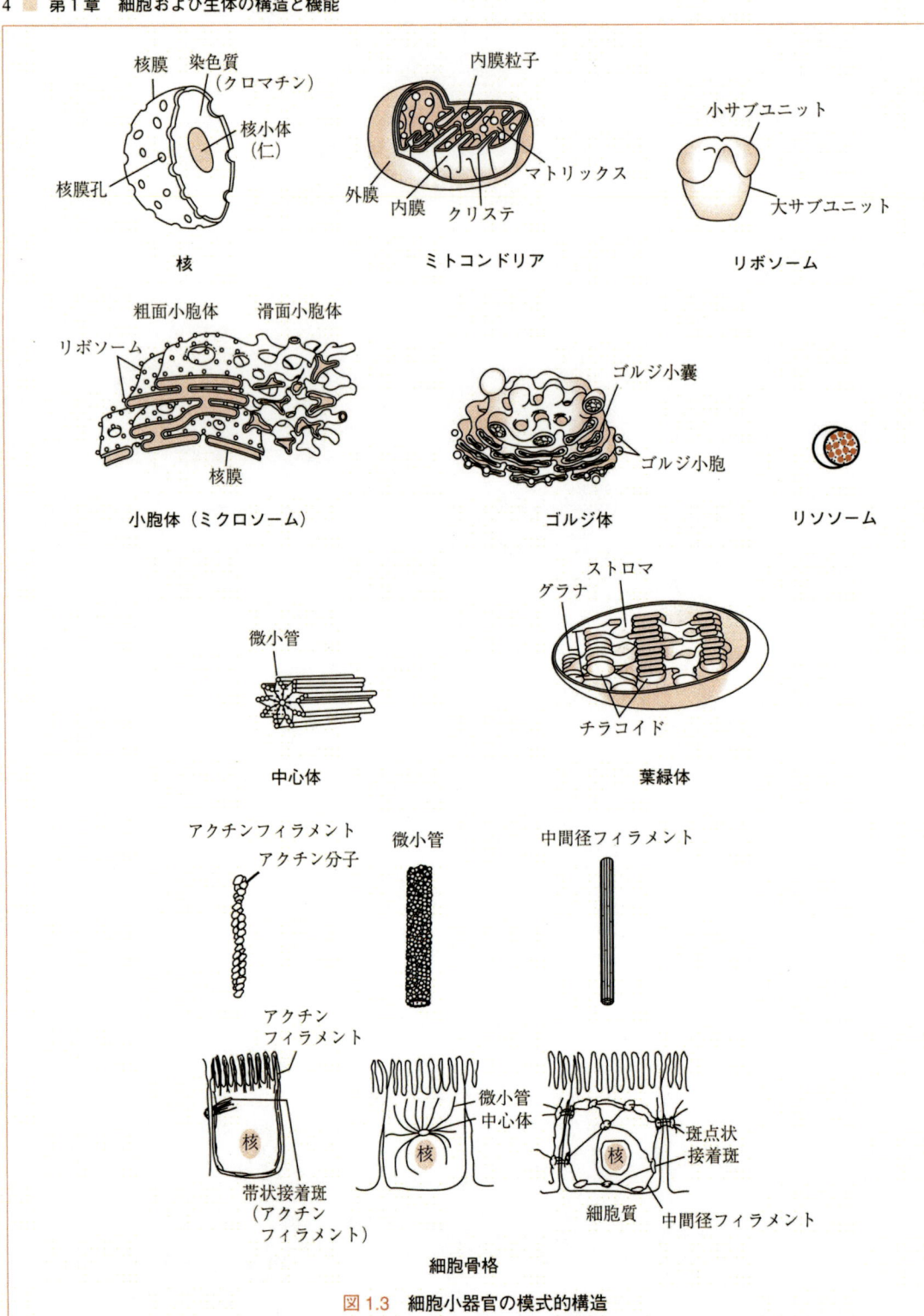

図 1.3　細胞小器官の模式的構造

ア膜など細胞小器官の膜も細胞膜と同様に脂質二重層からなり，これらをまとめて生体膜とよぶ．細胞膜は，細胞に必要な物質を外界から取り込み，不要な物質を排出する物質輸送を行い細胞内の恒常性を維持している．また，膜に存在する受容体タンパク質（レセプターという）を介して特定のホルモンや神経伝達物質などと選択的に結合することにより，細胞外の情報を細胞内に伝達し，その結果として情報に対応する細胞反応を引き起こす．このように細胞膜は，細胞の外面を包むだけではなく，細胞の活動を助ける重要な役割を果たしている．

核：細胞活動の中枢であり，細胞内の諸機能の指令塔であるとともに，遺伝における伝達現象を司って生命の連続性を維持している．核は，一般的には球形もしくは楕円形で二重膜構造の核膜で覆われている．通常，一つの細胞内に1個の核が存在するが，例外として一部の白血球や骨格筋には多核をもつものがあり，成熟した赤血球は無核である．核膜には核膜孔があり，この小孔を通じて，核と細胞質との間が連絡され，物質の移動が行われている．核の内部には，タンパク質とRNA（ribonucleic acid，リボ核酸）を主成分とする核小体（仁）があり，そのまわりは染色質（クロマチン）とコロイド状の核液で満たされている．核小体ではrRNA（ribosome RNA．リボソームを構成しているRNAのこと）が合成される．染色質は，塩基性タンパク質であるヒストンにDNAがゆるく巻きついている粒子状物質であり，シッフ試薬などによって染色される．DNAは遺伝子の本体であり，遺伝情報の保存や伝達を司っているとともに，生命活動を営むうえで必要な酵素やタンパク質の合成のためのアミノ酸配列を指令する暗号を保有している（p. 70参照）．

ミトコンドリア：外膜と内膜からなる二重膜構造をつくっており，内膜はところどころで内部に向かって突出してクリステとよばれる多数のひだ状の壁をつくり，表面積を増している．内膜に囲まれた空間を満たしている基質をマトリックスという．生命活動を営むために必要なエネルギーであるATP（adenosine 5′-triphosphate，アデノシン5′-三リン酸のこと）の大部分は，このミトコンドリアで生産される（p. 44参照）．

リボソーム：リボソームは，タンパク質とRNA（rRNA）からなる小さな顆粒状の構造体で，特徴的な形状を有する二つのサブユニットから構成される．リボソームは，mRNA（messenger RNA．伝令RNAともいう）の暗号解読装置であるとともにタンパク質合成装置の役割を担っている．すなわち，核から指令を運んできたmRNAのメッセージの暗号を

シッフ試薬

ドイツの有機化学者シッフ（H. Schiff）によって，有機化合物中のアルデヒド基（-CHO）を確認するために考案された試薬で，フクシンアルデヒド試薬ともいう．シッフの試薬は，0.1％塩基性フクシン100 mLに無水亜硫酸ナトリウム1 g，濃塩酸1 mLを加え，放置したあとの無色となった溶液である．今日では，デオキシリボ核酸を特異的に検出する呈色反応（フォイルゲン反応）などに用いられている．すなわち，弱酸性下で，核酸を加水分解し，DNAからプリン塩基を除去した後，残った二分子のデオキシリボース残基の遊離アルデヒド基に，一分子の亜硫酸フクシンが結合することにより特有の赤紫色の化合物ができる．

解読して，tRNA（transfer RNA．運搬 RNA ともいう）と結合して運ばれてきた特定のアミノ酸をもとにして，リボソーム上で指令に対応したタンパク質が合成される（p. 67 参照）．

小胞体：膜で囲まれた扁平な層状構造をしており，細胞膜，核膜，ゴルジ体とも連絡している．小胞体には，粗面小胞体と滑面小胞体がある．粗面小胞体は，膜表面にリボソームが付着しており，リボソームで合成されたタンパク質がその内部に蓄えられ，必要に応じてゴルジ体に移送される．リボソームの付着がなく，膜表面が滑らかなものが滑面小胞体で，脂質代謝，ステロイドホルモンやグリコーゲンの生成，カルシウムイオンの移動，解毒に関与している．

ゴルジ体：平滑な膜で囲まれた大小さまざまな膜胞が多数重なり湾曲した形をしており，細胞内の貯蔵庫・物質輸送の中継点としての役割を担っている．すなわち，粗面小胞体でつくられたタンパク質はゴルジ体に送られ，ここで糖鎖が結合して分泌タンパク質が形成され，濃縮されたのち細胞内に放出される．

リソソーム：単層膜に囲まれた袋状の小胞で，中には数十種類の加水分解酵素が含まれている．細胞外から取り込んだ異物や細胞内部の代謝で生じた不要物を消化分解して細胞外に放出する．

ペルオキシソーム：リソソームと同様に，単層膜で包まれた小胞で，中にカタラーゼなど一群の酸化酵素を含んでいる．細胞の代謝に必要な分子状酸素の消費を伴う酸化反応を行い，その反応の際に生成した過剰の過酸化水素を分解する．

中心体：3 本の微小管が一組になった九組が中心子のまわりに羽車状に配列した円筒状で，中空構造になっている．細胞のほぼ中心（細胞核の付近）に位置していることが多い．中心体は 2 個あって，細胞の有糸分裂の際に紡錘糸を形成し（p. 81 参照），染色体の移動に関する重要な役割を果たしている．

細胞骨格：細胞質全体にはりめぐらされた繊維状タンパク質の網目構造である．真核細胞がさまざまな形をとり，統一のとれた方向性のある運動ができるのは，その中に構造を支持する細胞骨格をもっているからである．細胞骨格には，アクチンフィラメント，微小管，中間フィラメントの三種がある．アクチンフィラメントは，主として細胞膜直下の皮層に集中しており，ミオシンと結合して筋のような収縮性運動を司っている．微小管は，すべての真核細胞に存在し，チューブリンとよばれる

タンパク質分子で構成されている．細胞分裂時に形成される紡錘糸は微小管の束である．この意味から微小管は分裂装置であるといえる．中間フィラメントは，ネズミの皮膚細胞などのある種の動物細胞にとくに多い．たとえば表皮細胞では，ケラチンとよばれる一群のタンパク質がフィラメントをつくっている．

葉緑体：光合成の場であり，したがって光合成を行う真核細胞のみに見られる細胞小器官である．二重層膜で囲まれ，内部に扁平な袋状のチラコイドがあり，これが重なり合ってグラナを形成している．葉緑体内部はストロマという基質で満たされている．チラコイドの膜には光合成色素（クロロフィルやカロテノイドなど）が含まれている．

液胞：植物細胞でとくに発達している構造で，単層の液胞膜に囲まれ，その内部に細胞液を蓄えている．液胞の大きさは，一般的に細胞の成長に従って大きくなる．成長した細胞では，その体積が細胞全体の

コラム　核しかもたないウイルス

ウイルス（virus）は，遺伝子としての核酸（DNA あるいは RNA）の芯と規則正しい構造をもつタンパク質のみからできている．ウイルスは自己増殖することはできず，ほかの細胞（宿主細胞）に感染してはじめて増殖することができる"寄生生物"と考えられている．

すなわち，宿主細胞に入り，その細胞の生物学的装置のいっさいを借りて自己の再生産を行うのである．ウイルスは細菌よりもさらに小さく（ほとんどのウイルスは 10〜200 nm），電子顕微鏡でなければ見えない．電子顕微鏡で見るウイルスは，美しい幾何学的構造をもっている．

ウイルスは宿主特異性が強く，宿主細胞の種類によって動物ウイルス，植物ウイルス，細菌ウイルス（バクテリオファージ）に分けられる．

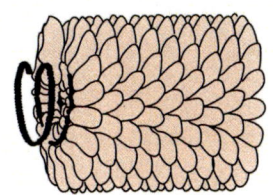
タバコモザイクウイルス
中空の芯のまわりにそら豆のようなタンパクサブユニットが 2130 個配列している．らせん状のコイルは核酸（一本鎖 DNA）．

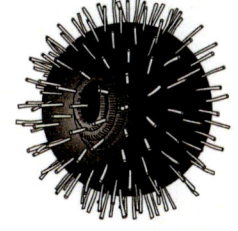
インフルエンザウイルス粒子
タンパクサブユニットが突起として林立している．内部にあるコイルは核酸（一本鎖 RNA）．

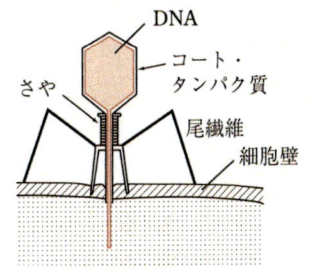
バクテリオファージの構造
バクテリア細胞の膜に付着して，ファージの DNA が細胞内に注入されている．

90％以上を占めることもある．液胞内には，糖質，アミノ酸，塩類や植物特有の色素（細胞内の液性によって赤や紫色を呈するアントシアンなど）が含まれている．

細胞壁：植物細胞の外側にあるじょうぶな層で，主成分はセルロースである．植物細胞の支持と保護に役立っている．

1.3 生体の構造と機能

われわれヒトは，卵と精子の受精によってできたたった一つの細胞である受精卵がその出発点である．受精卵が細胞分裂を繰り返し，細胞間に分化が生まれて，同じ形態と機能をもった細胞が集まって組織をつくり，特定の機能を遂行するためにいくつかの組織が寄り集まって器官を形成し，さらに特有の機能をもった器官が寄り集まって一つの個体が完成する．これは植物においても同じで，花の子房に含まれる卵と花粉（精子）の受精によってできた受精卵が個体発生の原点となっている．すなわち，多細胞生物の構造上の理解は『細胞－組織－器官－器官系－個体』ということになる．それでは，どのような細胞が集まってどのような組織や器官をつくっているのであろうか．

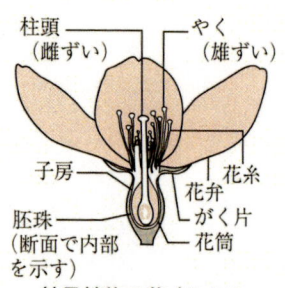

被子植物の花（サクラ．生殖器官）のしくみ

1.3.1 動物の組織と器官

（a）動物の組織

モクヨクカイメンやカイロウドウケツなどの海綿動物では，上皮組織と結合組織しか見られないが，それより高等な動物では上皮組織，結合組織，筋肉組織，神経組織の四つの組織がある．ヒトでは，体の外表面や消化管・血管・気管の内表面を覆っている上皮組織，体の内部で器官と器官の間を埋めつなぎ合わせている結合組織，筋肉や内臓をつくる収縮性に富む筋肉組織，刺激を伝え体全体の維持・調節を行う神経組織がある（図1.4）．

上皮組織：細胞がすきまなく並び互いに強く結合して，内部環境を守っている．また，上皮組織のある部分は，表面から落ち込んで汗腺や甲状腺のような腺を形成しているところがある．腺には，汗腺のように分泌物が導管をとおって特定の場所に分泌される外分泌腺と，甲状腺のように導管が発生の途中で消失し分泌物を直接血液中に分泌する内分泌腺がある．

結合組織：細胞が互いに密着することなく細胞間物質(コラーゲン，軟

骨質，骨質など）に埋もれるように存在している．各組織は結合組織によって結合・支持され，組織の強さや柔軟性も結合組織に依存している．皮膚の真皮の部分，腱，皮下脂肪，軟骨，骨，血液およびリンパ液など

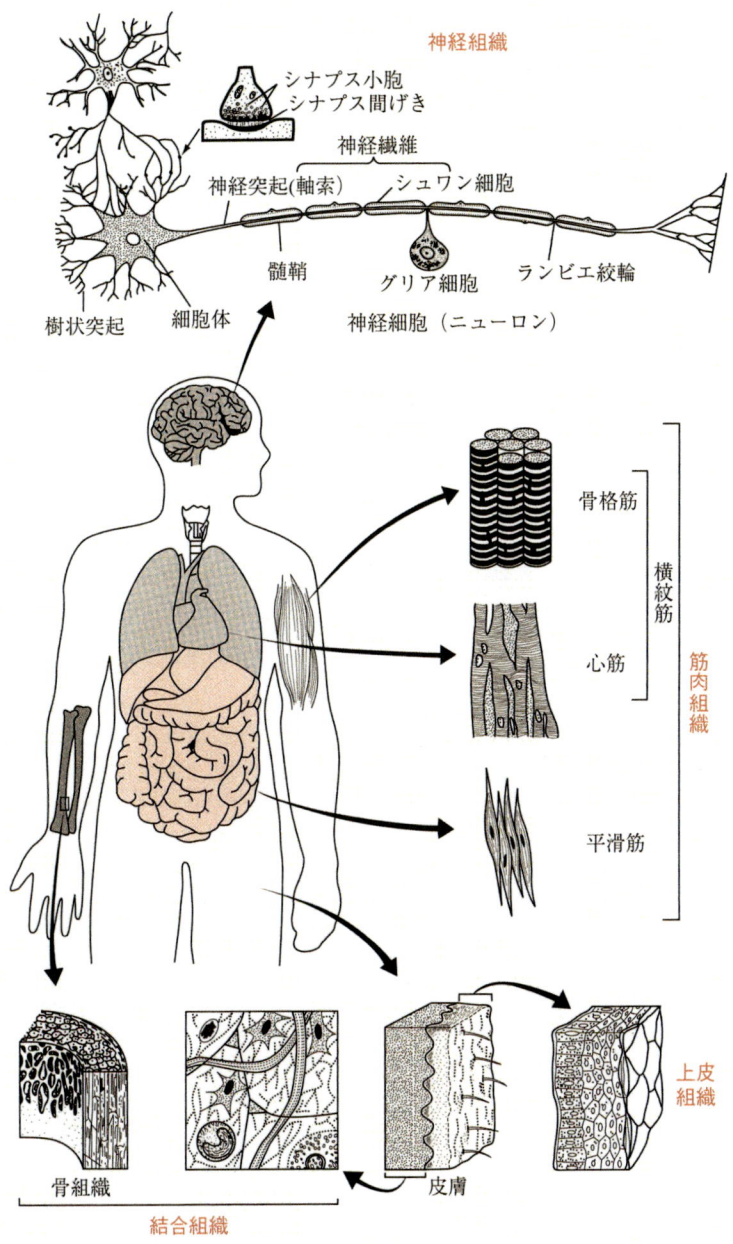

図1.4 ヒトの体のつくり
大きく四つの組織に分けられる．

が結合組織に属する．

筋肉組織：筋繊維とよばれる細胞からできており，その細胞質は何本もの収縮性の強い筋原繊維からできている．筋肉組織はその機能や形態によって，平滑筋，横紋筋に大別される．骨格筋と心臓の筋肉（心筋）には規則的な明暗の横じまが見られることから横紋筋とよばれる．骨格筋は意志によって収縮させることができる随意筋であるが，平滑筋（血管，消化管，子宮，膀胱などの筋肉）と心筋は意志によって収縮させることができない不随意筋である．骨格筋は，単核細胞が多く集まり融合して細胞の境界が消失した多核細胞からできている．

神経組織：刺激を伝える働きをもつ組織で，ニューロン（神経細胞）とよばれる細胞とその間を埋め神経細胞に養分を与えて支えているグリア細胞からなる．脳や脊髄などの中枢神経系と体のすみずみまで分布する末梢神経系から成り立っている．神経細胞は，細胞体から伸びた二種類の突起（軸索と樹状突起）をもつ．軸索の末端にはシナプスがあり，このシナプスを介して次の細胞に情報を伝達している．

（b） 動物の器官・器官系

いろいろな組織が組み合わさって，胃・心臓・脳などのように，全体としてひとつのまとまった働きをする器官をつくっている．動物では器官が多数あるので，共通した働きを共同して行う器官をまとめて器官系とよんでいる（表1.1）．

表1.1 動物の器官系

器官系	働き	器官系に属する器官の例（太字はヒトの器官）
消化系	食物の消化と吸収	**口腔，食道，胃，小腸，大腸，肝臓，膵臓**
呼吸系	ガスの交換（CO_2 と O_2）	**肺**，えら，気管，皮膚（粘液分泌状態のもの）
循環系	体液（血液とリンパ）の循環	**心臓，血管，リンパ管，リンパ節**，胃水管系（腔腸動物）
排出系	水と老廃物の排出	**腎臓，膀胱** 腎管，原腎管，マルピーギ管（クモ，ヤスデ，昆虫類）
内分泌系	ホルモンによる調節作用	**脳下垂体，甲状腺，副甲状腺，副腎，膵臓，生殖腺** アラタ体・前胸腺（大部分の昆虫類）
感覚系	刺激の受容	**目，耳，鼻，舌，皮膚，平衡器**，側線，触角
神経系	刺激の伝達と調節作用	**大脳，間脳，中脳，小脳，延髄，脊髄，運動神経，自律神経**
運動系	運動	**四肢**，翼，ひれ，管足，べん毛，繊毛
生殖系	生殖細胞をつくり増殖作用	**生殖腺（卵巣・精巣），輸卵管，輸精管，子宮，胎盤**
骨格系	体支持，器官保護．筋肉と共同作用．骨髄では血球生成	外骨格（皮膚骨格），**内骨格**
特殊器官	発電，発光，発音など	発電器（シビレエイ，シビレウナギ），発光器（ホタル），発音器（**ヒトの声帯**，昆虫の鳴器）

1.3.2 植物の組織と器官

植物も動物と同様に，いろいろな細胞が集まって組織をつくり，組織はさらに関連しあって組織系を構築している（図1.5）．しかし，植物の組織は細胞どうしが細胞壁でかたくつながってできている点で動物の組

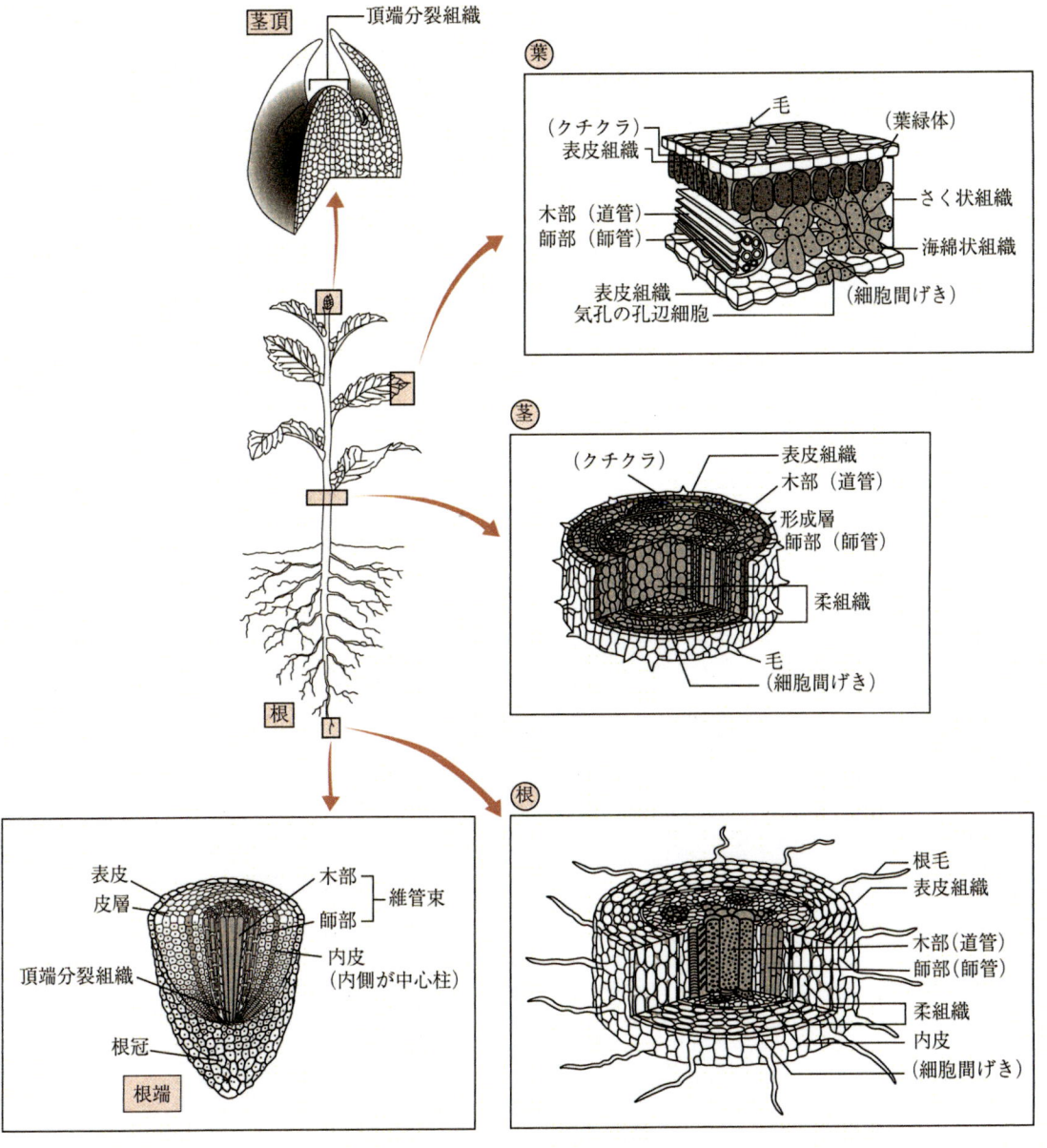

図1.5 植物の体のつくり

織と大きく異なっている．植物には，細胞分裂を続ける細胞の集団である分裂組織と細胞分裂を停止して分化した細胞からなる永久組織がある．分裂組織には，根の先端（根端）と茎の先端（茎頂）にあって植物の体を伸長させる頂端分裂組織（成長点）と，根と茎の周辺部に存在していて，植物の体を肥大させる形成層（維管束形成層）があるほか，樹木の周辺部においてはコルク形成層が見られる．分裂組織の細胞は分裂・成長し，いろいろな構造と機能を有する組織を構築する細胞になる．永久組織には，根と茎の頂端分裂組織からできる一次組織（表皮・皮層・一次木部・一次師部）と形成層，コルク形成層からできる二次組織（二次木部・二次師部・コルク）がある．組織はさらに関連し合って，機能的にまとまった組織系をつくっている（表1.2）．植物の組織系は，表面にあって内部を保護し，外界との間での物質の出入りを調節する表皮系，光合成や呼吸などの基本的な生理活動を行う基本組織系，体内での物質移動を行う維管束系（木部と師部からなる）に分けられる．葉の表皮組織には気孔が存在する．気孔は葉緑体を含む二つの孔辺細胞より

表1.2　植物の組織系

名　称		構　造	働　き
表皮系	表　皮	一層の細胞からなる．クチクラで覆われ，葉緑体なし．表皮とその変形した孔辺細胞（葉緑体あり），水孔，毛，根毛など	植物体を包み，蒸散を防ぐ．気孔ではガスの交換，根毛では水と養分の吸収
	コルク	コルク形成層からできる．細胞壁にスベリン（ロウ物質）を沈着	水・空気・熱などの不良導体．体を守る
基本組織系	柔組織	細胞壁の薄い，球形の細胞からなり，おもに皮層と髄を形成 ① 同化組織　葉の葉肉（さく状組織，海面状組織）－ 光合成 ② 貯蔵組織　茎や根の皮層と髄，いも（塊茎，塊根），種子 ③ 分泌組織　花の蜜腺，タンポポの乳管，マツの樹脂道，ミカンの油嚢など － 密・乳液・芳香性物質の分泌 ④ 通気組織　水生・湿性植物の茎や根．細胞間げきが発達 － ガスの通路	働きは存在する場所によっていろいろである
	厚壁組織	細胞壁の肥厚した細長い細胞からなり，木本茎と草本茎にある	繊維となり体を補強．働きから機械（支持）組織という
	厚角組織	細胞壁の角だけ肥厚．おもに草本茎にある	厚壁組織と同じ
維管束系	木　部	道管・仮道管・木部放射細胞・木部柔細胞・木部繊維からなる	水や養分（無機塩類）の通路
	師　部	師管・伴細胞・師部放射細胞・師部柔細胞・師部繊維からなる	光合成産物などの栄養分の通路

形成されており，気孔の開閉によって水分の調節やガス交換が行われている．根の表皮組織には根毛がある．根毛は，若い根を固定させ根毛付近の表皮細胞とともに水や無機養分などの吸収を行っている．基本組織系には，葉に見られる葉肉組織，茎に見られる柔組織・厚角組織・厚壁組織，根に見られる柔組織・内皮がある．葉肉組織を構成している葉肉細胞には葉緑体があり光合成が行われる．維管束系は，水や養分の通路にあたる部分で木部および師部からなる．木部にあたる道管は，縦に連なった細胞が，上下の壁を失って1本の太い管になったもので根より吸収された水や無機養分の通路となっている．師部にあたる師管は，道管と同じようにしてできた管であるが，完全な管ではなく，内部には原形質に似た物質が存在し，細胞と細胞の仕切の部分は多数の小孔があり，師板を形成している．葉で合成された糖などの養分はこの師管を移動する．

　植物では，器官をもつのはシダ植物と種子植物で，根・茎・葉のような栄養生活のための栄養器官と果実・種子のような生殖のための器官である生殖器官がある．

章末問題

問題1　ヒトの赤血球の細胞質の浸透圧は0.9%の食塩水と同じ浸透圧に保たれている．ヒトの赤血球を蒸留水，0.9%および5.0%の食塩水に入れると，赤血球は時間の経過とともにどのような変化をするか．

問題2　動物細胞と植物細胞の模式図を描き，細胞質を構成する細胞小器官の働きを書け．

問題3　細胞小器官は，互いに協調して働き，細胞の生命の維持・活動を営んでいる．細胞内でタンパク質がつくられるとき，どのような細胞小器官がどのように連携して働いているか（7章を参照）．

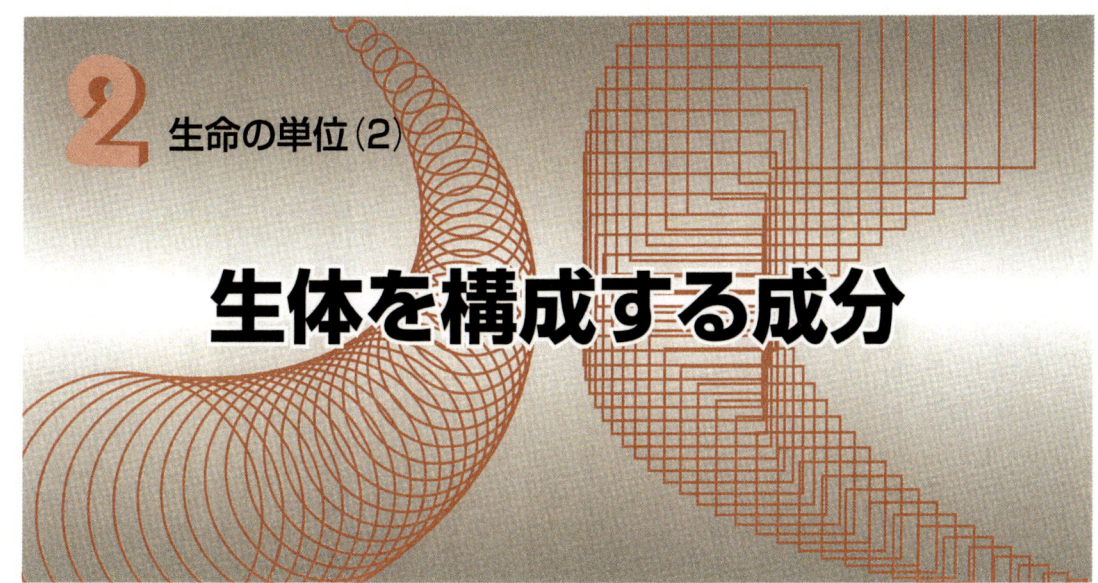

2 生命の単位(2)
生体を構成する成分

　生体を構成する細胞を取りだして，その細胞の内容物を分析してみると，動物・植物を問わずいずれもよく似た成分からできていることがわかる．細胞の成分の中で最も多いのは水で，細胞重量の約70%を占めている．ついで，タンパク質，脂質，核酸，炭水化物などの有機物質である．無機物質は含量は少ないが，それぞれに重要な働きをしている（図2.1）．本章では，細胞を構成している成分の構造と働きについて述べる．

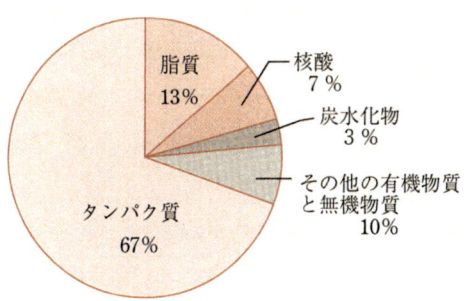

図2.1　細胞の構成成分（乾燥重量）

2.1　細胞を構成している成分

2.1.1　水

　水は多くの物質を溶かすという優れた性質をもっている．細胞に含まれる酵素（タンパク質）やDNAのような高分子物質も，水の存在があっ

表 2.1　海水と動物の体液のイオン組成[a]

種　類	Na$^+$	K$^+$	Ca^{2+}	Mg^{2+}	Cl$^-$
海　水	100	3.61	3.91	12.1	181
カブトガニ	100	5.62	4.06	11.2	187
クラゲ	100	5.18	4.13	11.4	186
ツノザメ	100	4.61	2.71	2.46	166
タ　ラ	100	9.50	3.93	1.41	150
カエル	100	—	3.17	0.79	136
イ　ヌ	100	6.62	2.8	0.76	139
ヒ　ト	100	6.75	3.10	0.70	127

a) Na$^+$ を 100 としたときの相対値．海水は現代のものについての数値である．

てはじめてその機能を発揮する．すなわち，細胞内の反応はすべて水の中で行われていると考えてよい．また，人体などの多細胞体では，水は血液やリンパ液の主成分をなし，体内における物質輸送に欠かせない存在である．したがって，水は，タンパク質などほかの構成成分のようにエネルギー源や栄養物質になるわけではないが，生体にとっては重要な構成成分である．細胞にこのように大量の水が含まれているのは，生命発生の場であった海水の影響を引き継いでいるのではないかといわれている（表2.1）．

2.1.2　タンパク質

　タンパク質は，細胞を構築する有機化合物の中で最も種類と量が多く，あらゆる生命現象に深くかかわっている．生体内の化学反応は，そのほとんどが酵素によって触媒されている．この酵素の本体がタンパク質である．また，筋肉はアクチンとミオシンという二種類のタンパク質を主成分とし，この二種類の繊維状タンパク質がすべり合うことによって収縮が起こる．また，生体内の代謝に欠くことのできない酸素は，赤血球内にあるヘモグロビンとよばれるタンパク質によって体の各部に運ばれる．さらに，生体はバクテリアやウイルスなどが体内に侵入すると抗体をつくって体を守ろうとする．この抗体もタンパク質である．このようにタンパク質は生体にとって不可欠なものであり，英語の protein という言葉の語源がギリシャ語の *proteios*（第一人者）であるということもうなずける．

　では，タンパク質はどのような構造をしているのであろうか．タンパ

ク質は，アミノ酸がペプチド結合によって数十個から数百個つながったもの，つまりアミノ酸の鎖である．タンパク質を構成しているアミノ酸は20種類あり，タンパク質の種類はこのアミノ酸の並び方の順序によって決められる．また，アミノ酸の並び方の順序は遺伝子によって決定される．

（a） アミノ酸

アミノ酸は，一つの炭素（α炭素）に，カルボキシル基($-COOH$），アミノ基（$-NH_2$），水素，およびそれぞれのアミノ酸に特有の側鎖（$-R$）とよばれる分子が結合したもので（図2.2），その構成元素は炭素，水素，

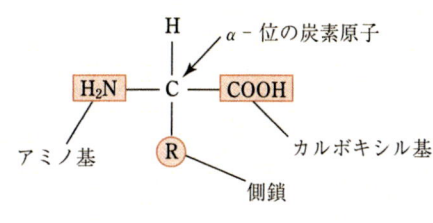

α-アミノ酸の一般式

酸性溶液　　　　　中性溶液　　　　アルカリ性溶液
　　　　　　　　　両性イオン

図2.2　α-アミノ酸の一般式と水溶液中でのイオン化状態

酸素，および窒素であり，これに硫黄が加わる含硫アミノ酸がある．アミノ酸の種類は20種あるが，それらは側鎖の分子の違いによるものであり，この側鎖の性質によりアミノ酸の特性が決まる（図2.3，次ページ）．アミノ酸は，そのアミノ基が水素イオンと結合して陽イオン（$-NH_3^+$）となり，カルボキシル基は水素イオンを放出して陰イオン（$-COO^-$）となる両性電解質である．アミノ酸には，水に対する親和性の高い親水性アミノ酸と親和性の低い疎水性アミノ酸がある．アミノ酸の親水性は，側鎖がイオン化していたり，ヒドロキシル基をもつため水分子と構造が似ていたり，あるいはグルタミン，アスパラギンのように分子内に$-CONH_2$のような構造をもち，水分子と水素結合をつくりやすかったりするために生じる．これらのアミノ酸は基本的には生体内で生合成され

第2章 生体を構成する成分

分類	アミノ酸名	略号	化学式	分類	アミノ酸名	略号	化学式
非極性側鎖をもつアミノ酸	アラニン alanine	Ala(A)	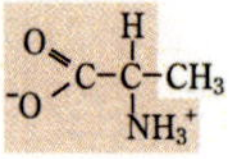	塩基性側鎖をもつアミノ酸	リジン lysine	Lys(K)	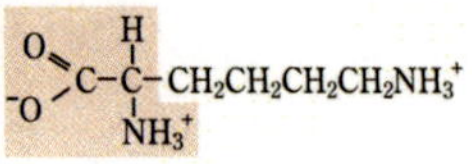
	バリン valine	Val(V)	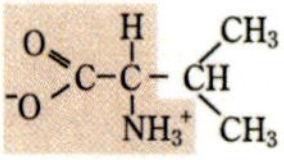		アルギニン arginine	Arg(R)	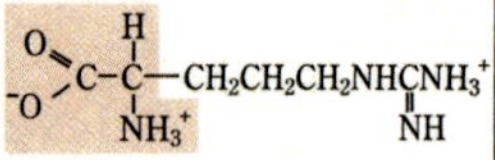
	ロイシン leucine	Leu(L)	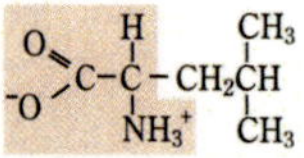		ヒスチジン histidine	His(H)	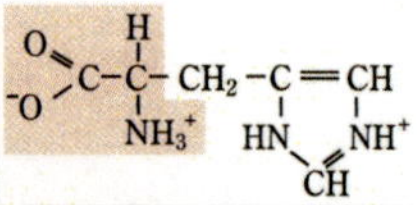
	イソロイシン isoleucine	Ile(I)	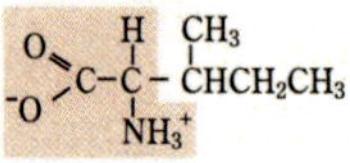	電荷をもたない極性側鎖をもつアミノ酸	グリシン glysine	Gly(G)	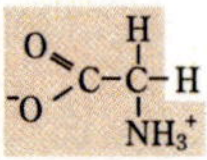
	プロリン proline	Pro(P)	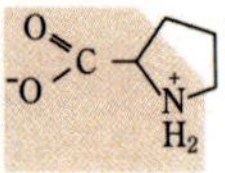		セリン serine	Ser(S)	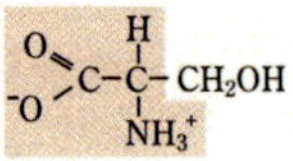
	フェニルアラニン phenylalanine	Phe(F)	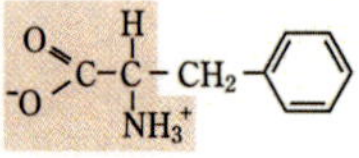		トレオニン threonine	Thr(T)	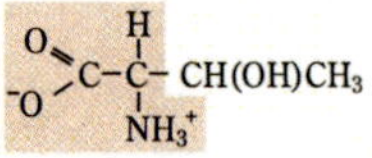
	トリプトファン tryptophan	Trp(W)	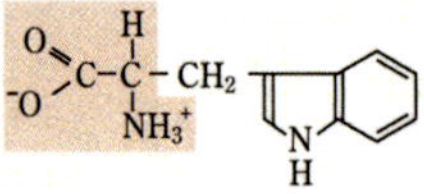		システイン cysteine	Cys(C)	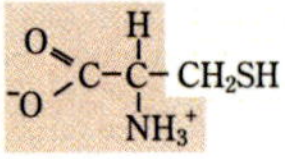
	メチオニン methionine	Met(M)	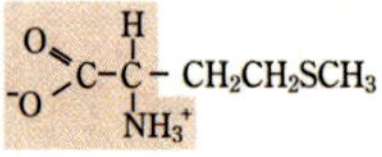		チロシン tyrosine	Tyr(Y)	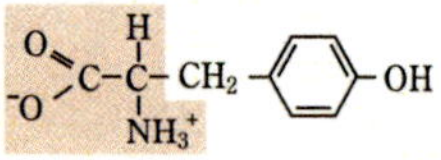
酸性側鎖をもつアミノ酸	アスパラギン酸 aspartic acid	Asp(D)	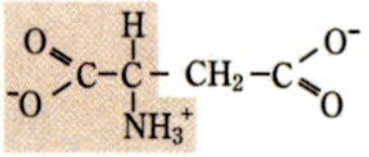		アスパラギン asparagine	Asn(N)	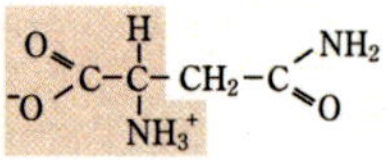
	グルタミン酸 glutamic acid	Glu(E)	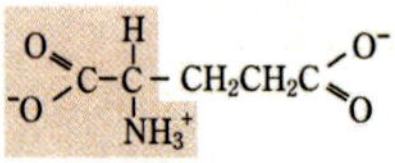		グルタミン glutamine	Gln(Q)	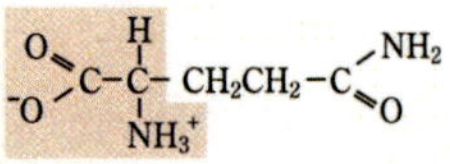

▭：必須アミノ酸を示す.　　▭：成長期には，この二種類も必須アミノ酸に加わる.

図2.3　アミノ酸の種類とその構造

るが, ヒトの体内では合成できないアミノ酸が8種類（成長期には10種類）あり, したがってこれらのアミノ酸は食物として摂取しなければならない. この8種類のアミノ酸は必須アミノ酸とよばれる.

(b) ポリペプチド

二つのアミノ酸の間で, 一方のアミノ酸のカルボキシル基ともう一方のアミノ酸のアミノ基が脱水縮合してできる結合をペプチド結合という（図2.4）. ペプチド結合によって二つのアミノ酸が結合したものをジペプチド, 三つのアミノ酸が結合したものをトリペプチド, さらに多数のアミノ酸が結合したものをポリペプチドとよんでいる. ポリペプチドの一方の端にはアミノ基（N末端とよぶ）があり, 他方の端にはカルボキシル基（C末端とよぶ）がある（図2.5）.

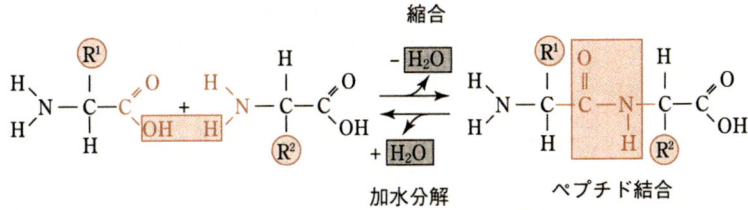

図2.4 ペプチド結合の形成

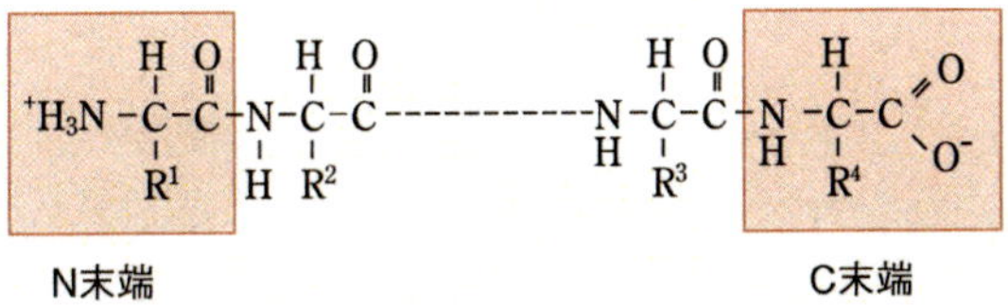

図2.5 ペプチドのN末端, C末端

(c) タンパク質の構造

多くのタンパク質は, 100〜400個のアミノ酸が結合したポリペプチドであり, それぞれ固有の一次構造, 二次構造, 三次構造, および四次構造を有しており, これらの構造がタンパク質の働きに大きく関係している. 一次構造とは, アミノ酸の配列順序を直線的に示したもので, そのアミノ酸の性質によって最終的にはそれぞれのタンパク質に固有の立体構造がつくられる. そのような立体構造を二次構造, 三次構造, および四次構造という. タンパク質はこの立体構造によってそれぞれに特有の生理活性を示すようになる（図2.6, 表2.2）.

20 第2章 生体を構成する成分

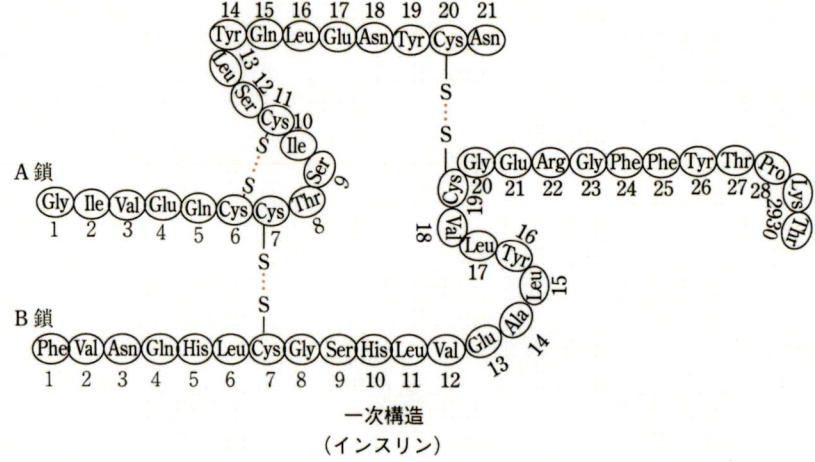

一次構造
（インスリン）

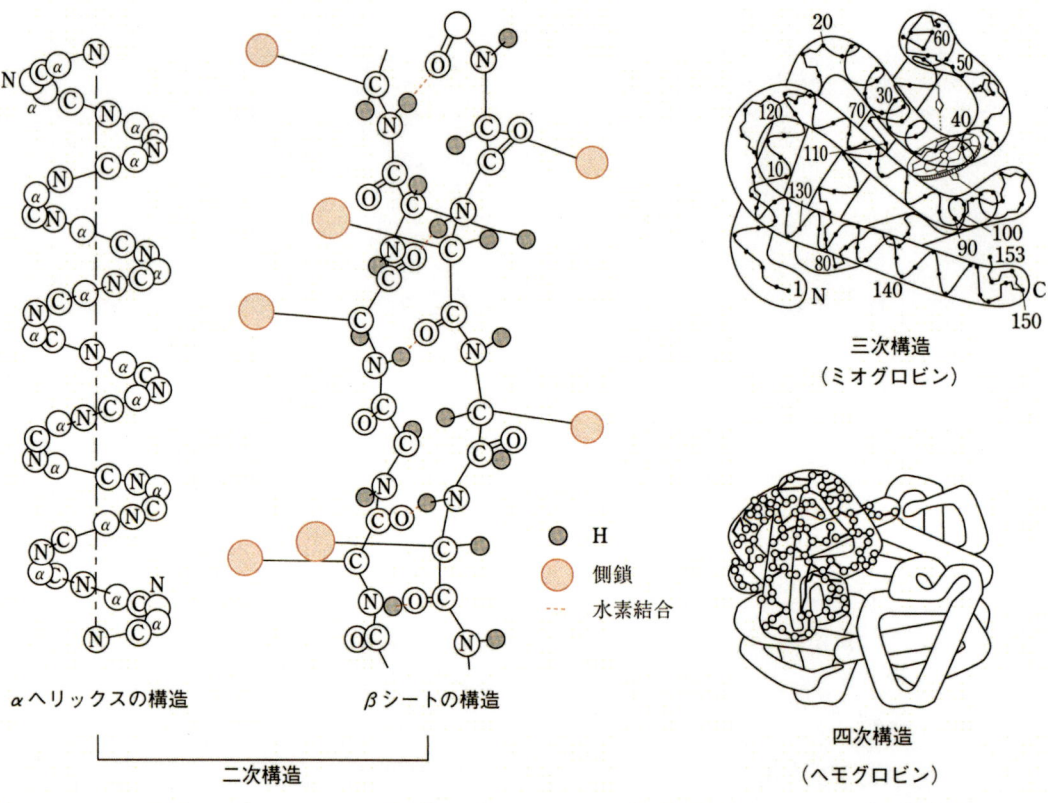

αヘリックスの構造　　βシートの構造

二次構造

三次構造
（ミオグロビン）

四次構造
（ヘモグロビン）

● H
● 側鎖
--- 水素結合

図2.6　タンパク質の構造

表2.2 タンパク質の構造

構造の分類	ポリペプチド鎖の形状および特徴など
一次構造 （平面構造）	アミノ酸がペプチド結合をして連なったポリペプチド鎖（アミノ酸配列）
二次構造 （立体構造）	ポリペプチド鎖が水素結合により立体的なαヘリックス構造，β構造をつくる（ジグザグ構造）．
三次構造 （空間的構造）	αヘリックス構造やβ構造をなす1本のポリペプチド鎖がイオン結合，疎水結合，ファンデルワールス力，水素結合などの弱い結合のほか，ジスルフィド（S-S）などで，折りたたまれた立体構造である．
四次構造	2本以上の三次構造をしたポリペプチド鎖（サブユニット）が集まったものである．四次構造を構成するそれぞれのポリペプチド鎖をサブユニットという．

2.1.3 脂 質

　脂質は，一般的に水にほとんど溶けず有機溶媒に溶けやすい一群の化合物の総称である．これらは構造上の共通要素がないために明確に分類することが困難である．しかし，生体で観察されるおもな脂質は単純脂質，複合脂質，および誘導脂質に大別されている（表2.3）．

コラム　タンパク質の一次構造の重要性（鎌形赤血球）

　タンパク質のアミノ酸配列（一次構造）はその三次元構造を決定し，それが次にタンパク質の性質を決定する．どのようなタンパク質においても，正しい機能の発現のためには正しい三次元構造が必要である．一次構造の重要性を示す最も顕著な証拠の一つが，鎌状赤血球貧血症（sickle cell anemia）に関係するヘモグロビンに見られる．この遺伝子病では，赤血球は酸素を能率的に結合することができない．この病気の赤血球は独特の鎌状の形をとるので，そのような名称がこの病気につけられた．鎌状赤血球は毛細血管中にトラップされた状態となって血液循環を遮断し，それによって組織の損傷を引き起こす．このような激しい変化が一次構造配列における一つのアミノ酸残基の変化から生じるのである．

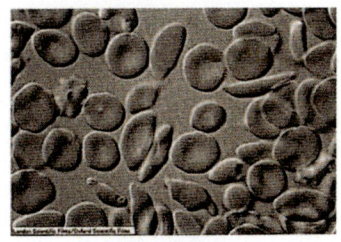

鎌状赤血球
（「エンカルタ百科事典'99」．マイクロソフト．
Ⓒ London Scientific/Oxford Scientific Films）．

表2.3 脂質の分類

種類		構成成分	生体における働き，特徴など
単純脂質	グリセリド（油脂）	脂肪酸 グリセロール	貯蔵脂質（トリアシルグリセロールなど） エネルギー源
単純脂質	ろう（ワックス）	脂肪酸, 高級アルコール	動植物の表面の組織に存在し，湿潤や乾燥を防ぐ 分泌物（ミツバチの巣剤）
複合脂質	リン脂質	脂肪酸, リン酸, グリセロール	細胞膜成分
複合脂質	糖脂質	脂肪酸, 糖など	細胞膜成分，血液型物質，神経髄鞘成分
誘導脂質	脂肪酸	飽和脂肪酸	パルミチン酸，ステアリン酸など
誘導脂質	脂肪酸	不飽和脂肪酸	オレイン酸，リノール酸，リノレン酸，アラキドン酸など
誘導脂質	ステロール（ステロイド）	四つの炭化水素環のステロイド核をもつ	コレステロール（動物），エルゴステロール（植物），ステロイドホルモン，ビタミンDなど

　単純脂質とは，脂肪酸とアルコールのエステルで，脂肪酸と三価のアルコールであるグリセロール（グリセリン）のエステルをトリアシルグリセロール（トリグリセリド）とよぶ（図2.7）．脂肪酸は炭化水素が多数結合した鎖状のカルボン酸で，パルミチン酸やステアリン酸のように

脂 肪 酸

炭素原子数	構造式	系統名	常用名	融点（℃）
飽和脂肪酸				
12	$CH_3(CH_2)_{10}COOH$	n-ドデカン酸	ラウリン酸	44.2
14	$CH_3(CH_2)_{12}COOH$	n-テトラデカン酸	ミリスチン酸	53.9
16	$CH_3(CH_2)_{14}COOH$	n-ヘキサデカン酸	パルミチン酸	63.1
18	$CH_3(CH_2)_{16}COOH$	n-オクタデカン酸	ステアリン酸	69.6
20	$CH_3(CH_2)_{18}COOH$	n-エイコサン酸	アラキジン酸	76.5
24	$CH_3(CH_2)_{22}COOH$	n-テトラコサン酸	リグノセリン酸	86.0
不飽和脂肪酸				
16	$CH_3(CH_2)_5CH=CH(CH_2)_7COOH$		パルミトオレイン酸	−0.5
18	$CH_3(CH_2)_7CH=CH(CH_2)_7COOH$		オレイン酸	13.4
18	$CH_3(CH_2)_4CH=CHCH_2CH=CH(CH_2)_7COOH$		リノール酸	−5
18	$CH_3CH_2CH=CHCH_2CH=CHCH_2CH=CH(CH_2)_7COOH$		リノレン酸	−11
20	$CH_3(CH_2)_4CH=CHCH_2CH=CHCH_2CH=CHCH_2CH=CH(CH_2)_3COOH$		アラキドン酸	−49.5

2.1 細胞を構成している成分

グリセロール（グリセリン）

```
    H
    |
H - C - OH
    |
H - C - OH
    |
H - C - OH
    |
    H
```

トリアシルグリセロールの一般式
（脂肪酸とグリセロールのエステル）

```
    H      O
    |      ‖
H - C - O - C - R¹
    |      O
    |      ‖
H - C - O - C - R²
    |      O
    |      ‖
H - C - O - C - R³
    |
    H
```

```
    H    O
    |    ‖
H - C - O-C-CH₂CH₂CH₂CH₂CH₂CH₂CH₂CH₂CH₂CH₂CH₂CH₂CH₂CH₃
    |    O
    |    ‖
H - C - O-C-CH₂CH₂CH₂CH₂CH₂CH₂CH₂CH₂CH₂CH₂CH₂CH₂CH₂CH₃
    |    O
    |    ‖
H - C - O-C-CH₂CH₂CH₂CH₂CH₂CH₂CH₂CH₂CH₂CH₂CH₂CH₂CH₂CH₃
    |
    H
```

トリアシルグリセロールの一つであるトリパルミチン酸の構造

図 2.7　トリアシルグリセロールの構造

　炭素原子の結合がすべて一重結合のものを飽和脂肪酸，オレイン酸のように二重結合を含むものを不飽和脂肪酸という．不飽和脂肪酸のうち，ヒトでは合成できないものがあり，食物として摂取しなければならない．これを必須脂肪酸とよび，リノール酸，リノレン酸，アラキドン酸などがある．トリアシルグリセロールはエネルギー貯蔵物質として細胞や皮下に蓄えられ，必要に応じて加水分解を受けて遊離した脂肪酸が酸化（β酸化）を受けてエネルギーとなる．一般的に，動物のトリアシルグリセロールには飽和脂肪酸が多く，植物には不飽和脂肪酸が多く含まれている．

　複合脂質には，疎水性の炭化水素鎖に極性（親水性）の分子が結合したリン脂質や糖脂質が含まれる（図2.8）．リン脂質は，トリアシルグリセロール分子の一つの脂肪酸がリン酸を含んだ極性基で置換され，このリン酸にエタノールアミン，コリン，セリンなどの小さい親水性化合物が結合している場合が多い．糖脂質は，脂肪酸などの炭化水素鎖に親水性の糖分子が結合したものである．リン脂質や糖脂質は，ともに生体膜を構成する重要な成分である．

　生体で見られるもう一つの重要な脂質のグループは，誘導脂質であり，ステロイド核を有するもの（ステロイド類）と脂溶性ビタミンの一

脂質は水中では，表面膜や小さなミセルをつくる．

ステロイド核

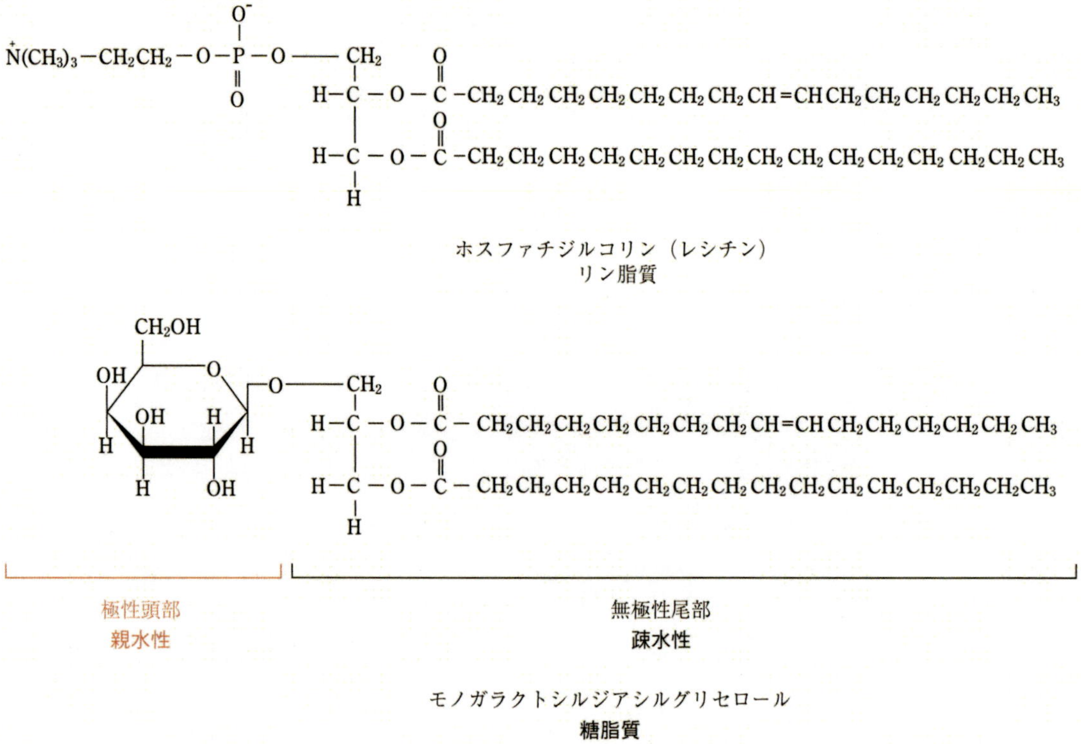

24　第2章　生体を構成する成分

ホスファチジルコリン（レシチン）
リン脂質

極性頭部
親水性

無極性尾部
疎水性

モノガラクトシルジアシルグリセロール
糖脂質

図2.8　複合脂質の構造

部が含まれる．ステロイド類には，細胞膜の構成成分であるコレステロールをはじめ，副腎皮質ホルモン，性ホルモン，ビタミンD，また腸内で脂肪類の消化を助ける胆汁酸などが含まれる（図2.9）．

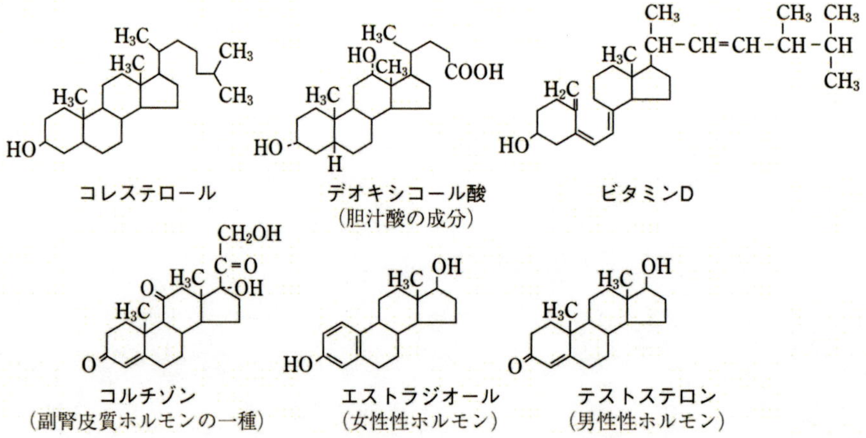

コレステロール

デオキシコール酸
（胆汁酸の成分）

ビタミンD

コルチゾン
（副腎皮質ホルモンの一種）

エストラジオール
（女性性ホルモン）

テストステロン
（男性性ホルモン）

図2.9　おもなステロイド

2.1.4 糖 質

糖質は，炭素と水の化合物〔$C_m(H_2O)_n$〕であるとの意味から炭水化物ともよばれる．糖質は，脂質やタンパク質とともに生物のエネルギー源として重要な物質である．植物では，光合成によって生成されデンプンとして蓄えられる．動物は植物によってつくられたデンプンを食物として摂取し，肝臓や筋肉でグリコーゲンにつくり変えて蓄えられ，必要に応じてエネルギー源として利用される．糖質は，単糖と数個の単糖からなるオリゴ糖，多数の単糖からなる多糖類に分けられる．

（a）単 糖

単糖は，分子を構成する炭素の数によって，三炭糖（トリオース），五炭糖（ペントース），六炭糖（ヘキソース）などに分類される．細胞中には，三炭糖から七炭糖まで存在するが，中でも生理的に重要な役割を担っている単糖は，核酸の糖部分を構成するリボース，デオキシリボース（いずれも五炭糖）やエネルギー源となるグルコース（六炭糖）である．また，自然界に最も多く存在する単糖はグルコースである（図2.10）．なお，糖の構造の表現法としては，直鎖型で表すフィッシャー（Fischer）の投影式と環状型で表すハース（Haworth）表記がある．しかし，五炭糖および六炭糖は，通常，環状型の分子として存在している．したがって，ハース表記で表されることが多い（図2.11）．

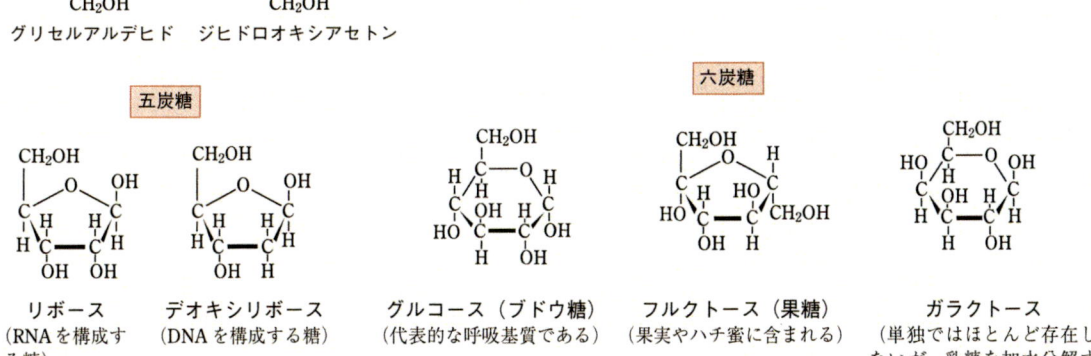

図2.10 代表的な単糖構造

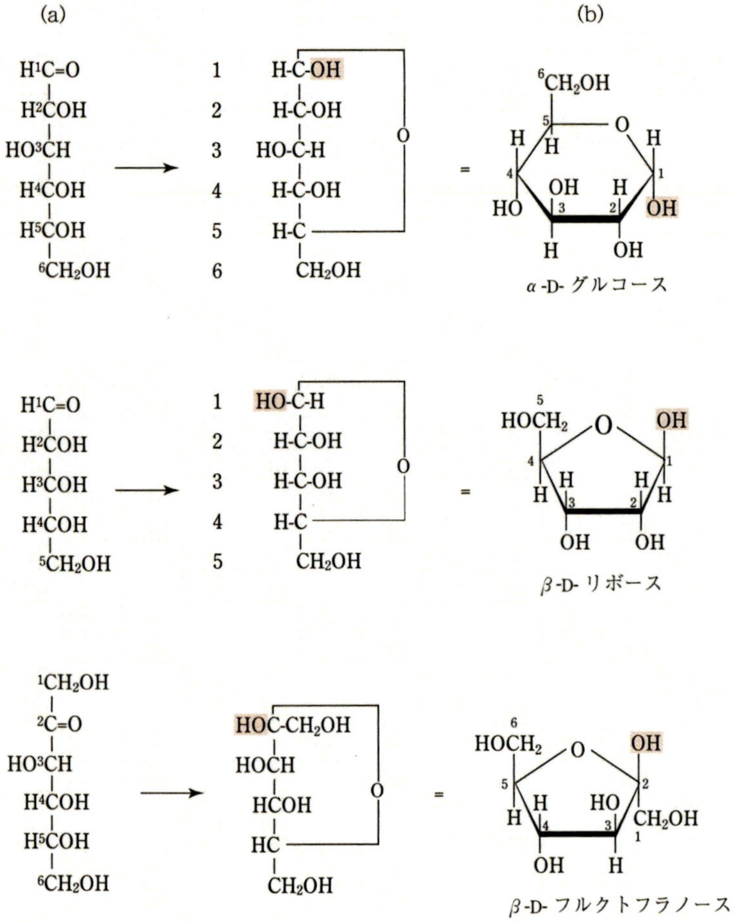

26　第2章　生体を構成する成分

図2.11　代表的な単糖の構造の表現法
(a) 直鎖型（フィッシャー投影式），(b) 環状型（ハース表記）．

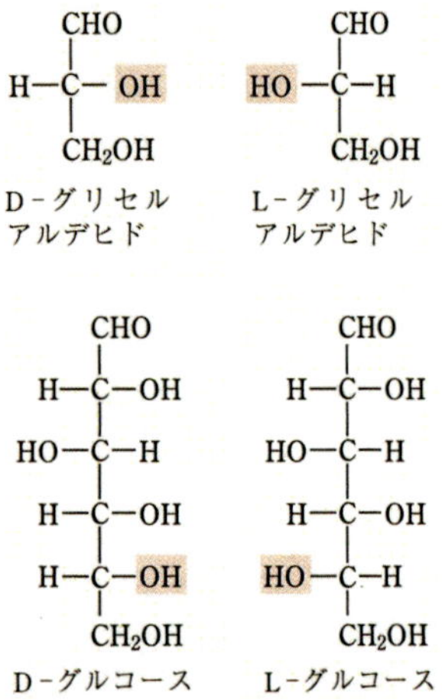

D, L型の決定：CHO基（アルデヒド基）を上にして鎖状構造式を書いたとき，CHO基から最も遠い不斉炭素（炭素原子のまわりに四つの異なる原子または原子団がついた炭素）につくOH基（ヒドロキシル基）がD-グリセルアルデヒドと同じ側のもの（OH基が右側にあるもの）をD型，反対側にあるもの（OH基が左側にあるもの）をL型という．因みに，天然の単糖のほとんどのものはD型である．

α体とβ体：糖が環状構造をとるとき，新たに一つの不斉炭素を生じる．この不斉炭素につくOH基の立体配置について，Fischer投影式でOH基が右側にあるものあるいはHaworth表記でOH基が下にあるものをα体といい，Fischer投影式でOH基が左側にあるものあるいはHaworth表記でOH基が上にあるものをβ体という．

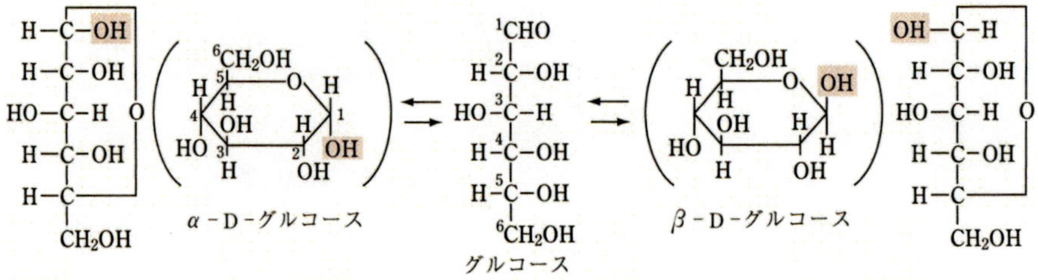

（b）オリゴ糖

オリゴ糖は，単糖が二つから数十個結合したもので，この場合の単糖どうしの結合の様式をグリコシド結合という．二分子の単糖がグリコシド結合したものを二糖類という．代表的な二糖類にはスクロース（ショ糖），マルトース（麦芽糖）やラクトース（乳糖）などがある（図2.12）．スクロースは，植物が光合成で合成する二糖類であり，グルコースの1位のヒドロキシル基とフルクトースの2位のヒドロキシル基との間でグリコシド結合〔$\alpha(1) \rightarrow \beta(2)$〕したものである．マルトースはデンプンが唾液中のアミラーゼにより消化されて生じる二つのグルコースからなる二糖類で，グルコースの1位のヒドロキシル基とグルコースの4位のヒドロキシル基との間でグリコシド結合〔$\alpha(1\rightarrow 4)$ グリコシド結合〕したものである．ラクトースは母乳中に見いだされる代表的な二糖類で，ガラクトースの1位のヒドロキシル基とグルコースの4位のヒドロ

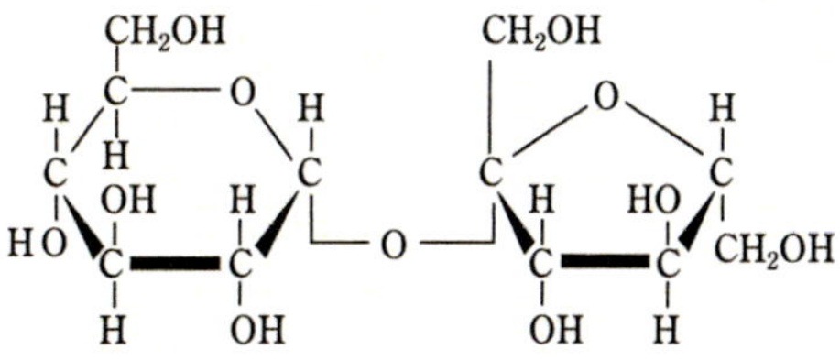

スクロース（ショ糖）

砂糖の主成分．スクラーゼという酵素によって，グルコースとフルクトースに加水分解される．

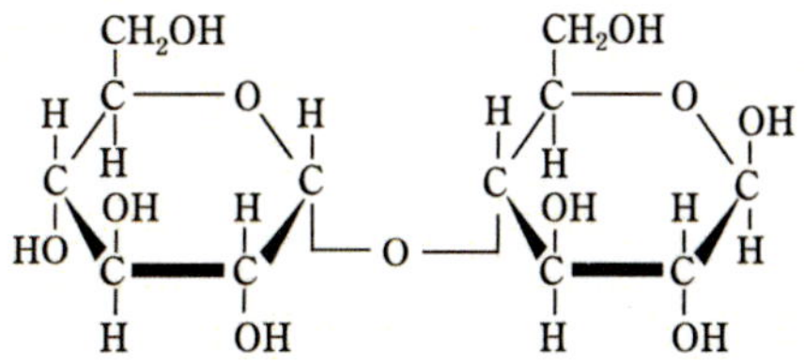

マルトース（麦芽糖）

デンプン（多糖類）の加水分解によって生じる．水アメの成分．マルターゼという酵素によって二分子のグルコースに加水分解される．

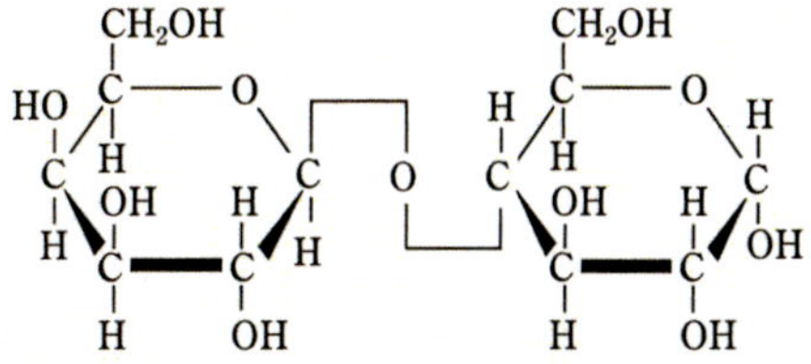

ラクトース（乳糖）

乳汁の成分．ラクターゼという酵素によって，ガラクトースとグルコースに加水分解される．

図2.12　代表的な二糖類の構造

キシル基とグリコシド結合〔β(1→4)グリコシド結合〕したものである．

(c) 多糖類

多糖類の代表的なものは，デンプン，グリコーゲン，およびセルロースで，自然界に多く存在する糖である（図2.13）．デンプンは，多数のグルコースがα(1→4)グリコシド結合でつながっているアミロースと，分枝構造をもつアミロペクチンとの混合物である．枝分かれ部分のグリコシド結合は，グルコースの1位のヒドロキシル基と6位のヒドロキシル基との間の結合で，α(1→6)グリコシド結合という．デンプンは，植物多糖ともよばれ，植物の根や実などに蓄えられている．植物の細胞

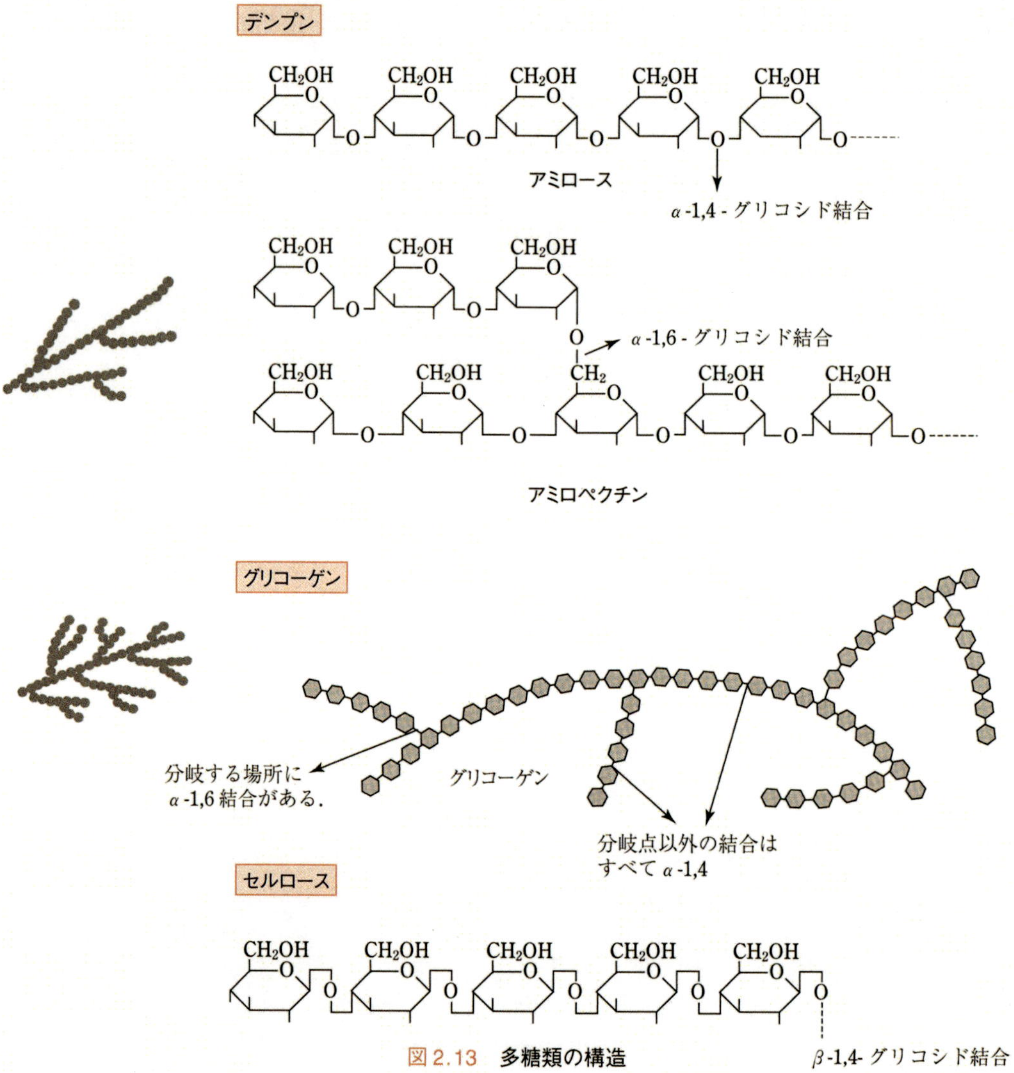

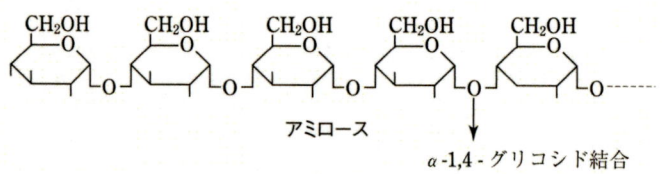

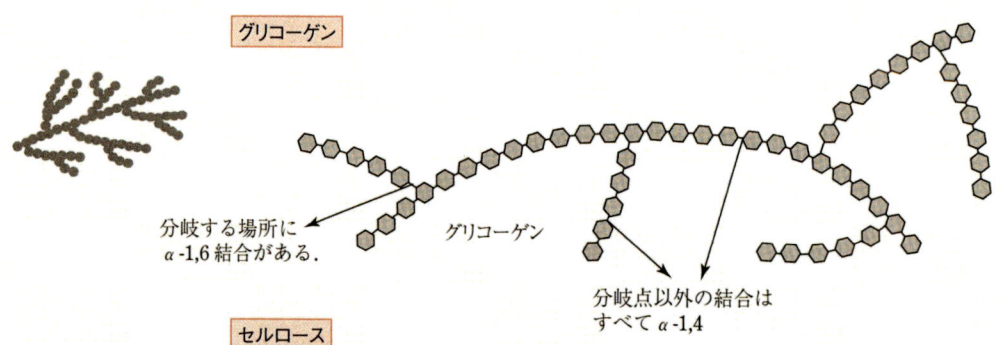

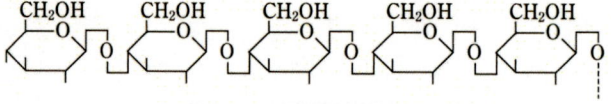

図2.13 多糖類の構造

2.1 細胞を構成している成分　29

壁の主成分であるセルロースもまたグルコースの重合体であるが，グルコースどうしが β (1→4) グリコシド結合をしている点で異なっている．グリコーゲンは，アミロペクチンに似たグルコースの重合体であるが，枝分れの頻度はアミロペクチンより多い．グリコーゲンは，動物の肝臓や筋肉に蓄えられていることから動物多糖ともよばれ，必要に応じてエネルギー源として使われる．

2.1.5 核　酸

核酸は，その構成単位であるヌクレオチドが多数重合してできた巨大

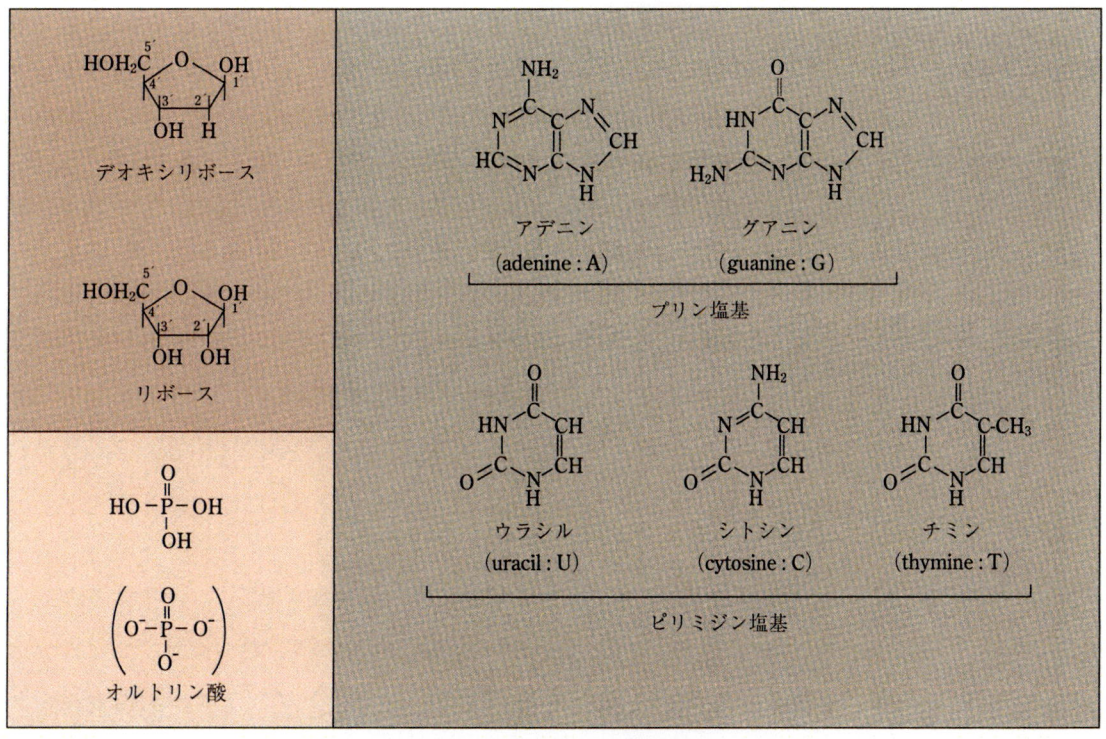

図2.14　ヌクレオチドの構造

分子であり，DNAとRNAの二種類がある．構成単位であるヌクレオチドは，糖（五炭糖）とリン酸，および窒素を含む塩基が結合した分子である（図2.14）．

DNAは，遺伝子の本体であり，生命活動を営むうえで重要な酵素やそのほか多くのタンパク質の構造に関する情報（遺伝情報）を保持しており，それらのタンパク質を合成するとき，その遺伝情報に従ってアミノ酸配列を指令する．その構造は，2本のヌクレオチド鎖（ヌクレオチドが多数つながってできた鎖）がらせん状になっている（図2.15）．これが"DNAの二重らせん構造"である．このらせん構造はすべて右まわりと考えられていたが，近年左まきのDNAも見つかっている（Z型DNAとよばれている）．DNAを構成しているヌクレオチドにおいては，リン酸はオルトリン酸，糖はデオキシリボースで，塩基はアデニン（A），グアニン（G），シトシン（C），チミン（T）のいずれかである．2本の鎖は，ヌクレオチドの塩基部分を内側にしてらせんをつくっているが，向き合う塩基は必ずAとT，GとCに決まっている．RNAは，DNAと同じように四つの塩基をもっているが，DNAと異なる点は，DNAのチミン（T）の部分がウラシル（U）に，また五炭糖としてのデオキシリボースがリボースに置き換わっていることと（表2.4），一本鎖でできていることである（図2.16）．RNAは，DNAの遺伝情報に従ってタンパク質を合成する際に重要な役目を担っており，その機能の違いによってmRNA，tRNA，rRNAがある．なお，DNAとRNAを構成している塩基（A, T, G, C, U）のうち，プリン骨格をもっているAとGをプリン塩基，ピリミジン骨格をもっているT, C, Uをピリミジン塩基という（図2.14）．

ヌクレオチドは，核酸の構成成分であるだけではなく，エネルギーの貯蔵体であるATP（アデノシン三リン酸）や細胞内での情報の伝達体で

水素結合

窒素，酸素，フッ素，塩素，臭素などのような電気陰性度（電子をひきつける力）の大きい原子が，それに結合している分子の水素原子の介在によって，同一分子内あるいはほかの分子の電気陰性度の大きい原子に接近し，系が安定するとき，水素結合をつくるという．生命科学で水素結合といえば，まずDNA二本鎖の塩基どうしの結合を思い浮かべるが，自然界で最も一般的な水素結合は，水分子にみられる．水は，分子間で水素結合をつくり網目構造をとりやすく，これが水の沸点が100℃と高い理由である．

mRNA：messenger RNA
tRNA：transfer RNA
rRNA：ribosome RNA

表2.4 DNAとRNAの構成成分

	塩　　基		糖	リン酸
	プリン	ピリミジン		
DNA	アデニン (adenine, A) グアニン (guanine, G)	シトシン (cytosine, C) チミン (thymine, T)	デオキシリボース (deoxyribose)	オルトリン酸 (orthophosphate)
RNA	アデニン グアニン	シトシン ウラシル (uracil, U)	リボース (ribose)	オルトリン酸

2.1 細胞を構成している成分　31

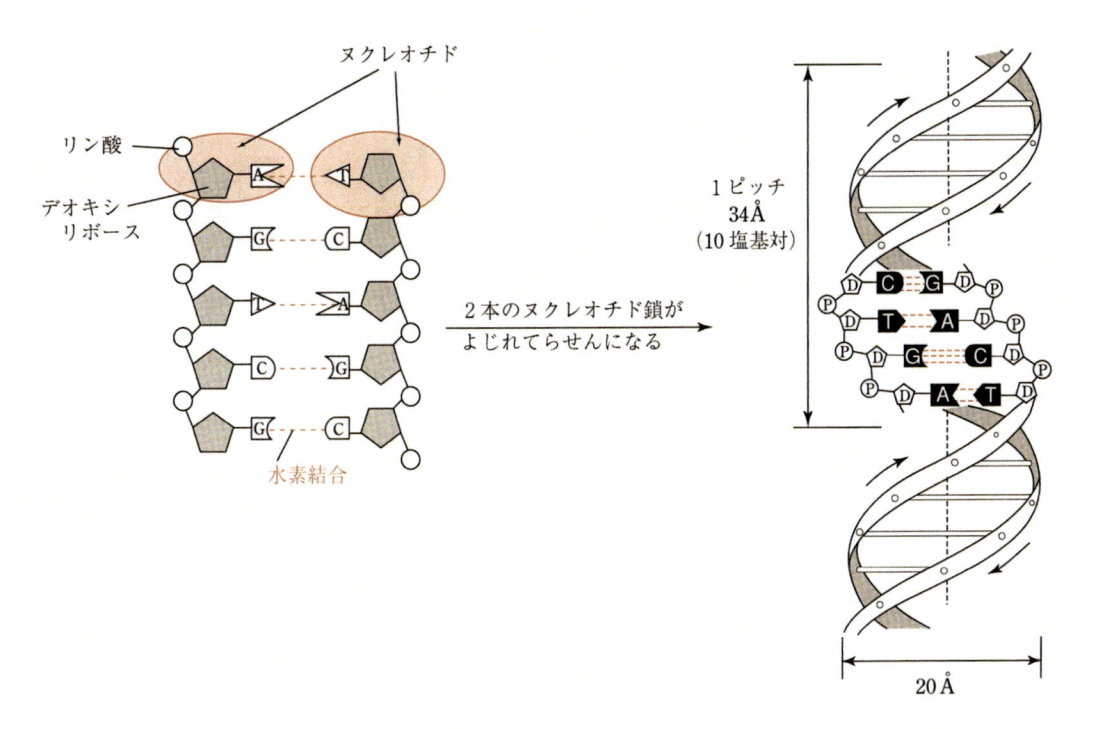

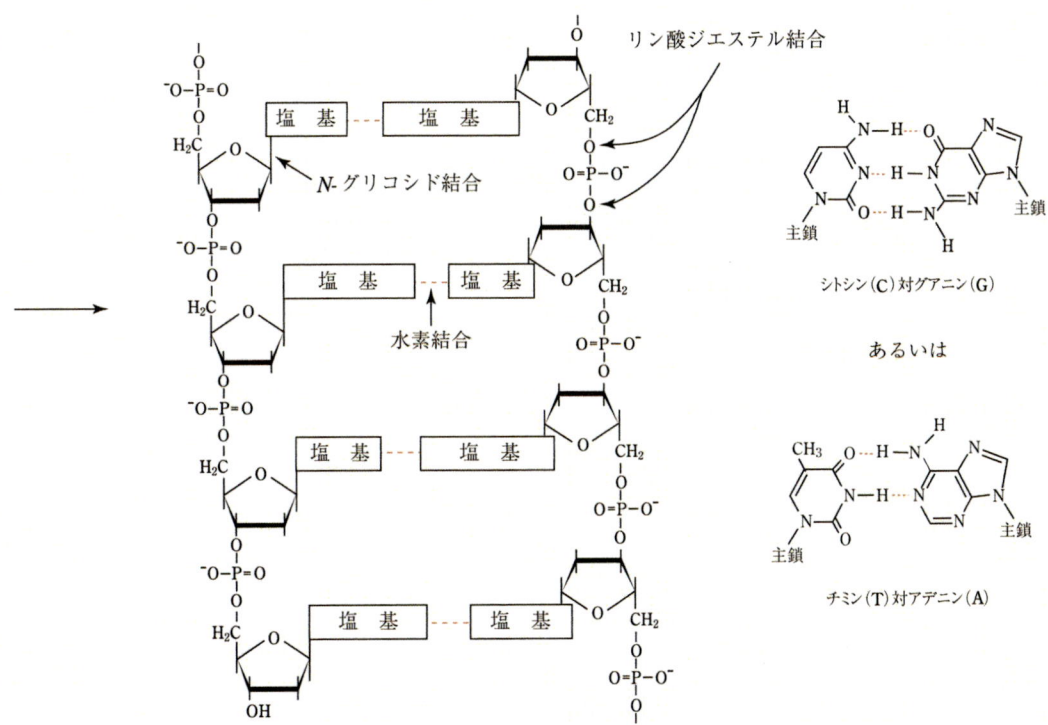

図2.15　DNAの構造模式図

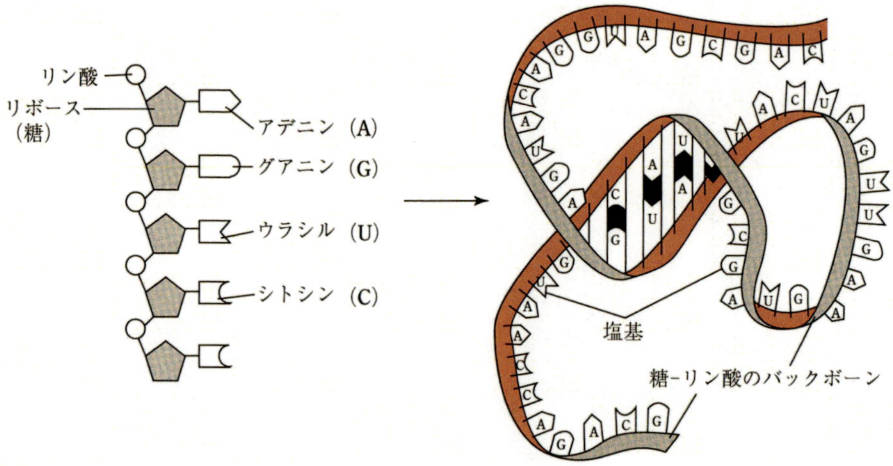

図 2.16　RNA の構造模式図

コラム　生命活動解明に進む「糖鎖」研究

　生命活動にはタンパク質が欠かせない．そのタンパク質の働きに大きな役割を果たしているのが"糖鎖"という物質である．いろいろな種類の糖が鎖状につながったもので，これにもさまざまな種類がある．タンパク質にくっついたり外れたりしてその性質を左右している．ゲノム解析を終えた次の課題であるタンパク質研究の鍵の一つとして注目を集めている．たった一つの糖鎖がタンパク質にくっつかなくなっただけで生物が死んでしまうこともある．たとえば，次のような実験が行われた．遺伝子を操作して酵素の一つを働かなくしたマウスをつくった．この酵素は糖鎖をタンパク質にくっつける役割がある．しかし，遺伝子を操作したマウスでは糖鎖がつかない．マウスは生後1か月以内に死んでしまった．このタンパク質はまだわかっていないが，生物の生存に欠かせないとみられ，糖鎖の変化で働きが変わったらしい．糖鎖が生命にかかわる重要な役割をしている証拠である．

　糖鎖は，進化の研究でも注目される．たとえば，ヒトとチンパンジーの関係．ゲノムの差はわずか1％程度とされるが，どの遺伝子が違うのだろうか．最近，ある遺伝子がチンパンジーでは働いているのに，ヒトでは働いていないことがわかった．この遺伝子は，ある種の糖にヒドロキシル基をくっつける酵素をつくる．このような酵素は，ほかの哺乳類でも働いていることがわかっている．この遺伝子の変化は，進化の過程で，ヒトとチンパンジーが分かれた後に起きたとみられる．ただ，興味深いことがある．チンパンジーでもほかの動物でも，脳の場合は，この酵素の働きが抑えられていることがわかった．この遺伝子は，脳の進化に関係しているのかもしれない．新しい遺伝子ができるばかりでなく，遺伝子がなくなることも，進化のプロセスでは重要だ．この酵素が働いていないことが脳の機能にプラスになったのだろうか．

ある環状AMP (cAMP, サイクリックアデノシン一リン酸) としても重要な役割を果たしている (図2.17).

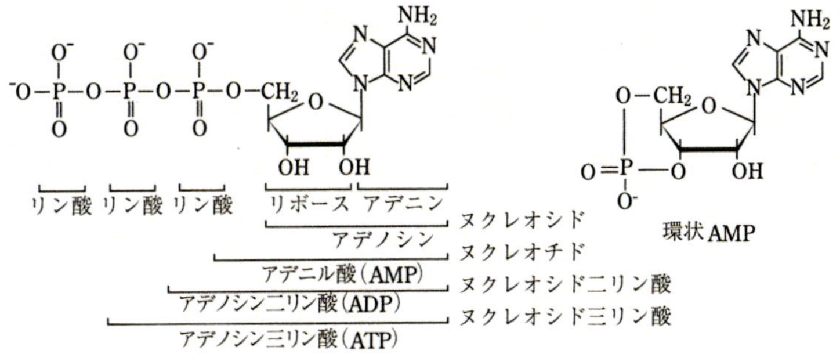

図2.17 ATPおよび環状AMPの構造

cAMP : cyclic adenosine monophosphate

2.1.6 無機質

　細胞内には, 多種類の無機塩類 (ミネラル) が含まれており, 水に溶けてイオン化したり, タンパク質と結合したりして存在している. 無機イオンは, 細胞の浸透圧や水素イオン濃度の調節に役立っている. 細胞膜の興奮伝達や物質の輸送にはNa^+とK^+が関与し, 筋肉の収縮にはCa^{2+}が重要な働きをしている. Mg^{2+}, Zn^{2+}, Ca^{2+}, Cu^{2+}, K^+, Na^+など酵素が反応するときに不可欠なものもある. また, Fe^{2+}, Fe^{3+}は, ヘモグロビンに含まれ, 酸素運搬の機能を担っている. Cu^{2+}はヘモシアニン (血青素ともいい, 多くの甲殻類や軟体動物の体液に溶けている酵素を運ぶ呼吸色素タンパク質) に, Mg^{2+}はクロロフィル (葉緑体に含まれており, 光合成のときに光を吸収する) の分子内に配位している. 細胞内のエネルギー代謝に重要な役割を果たしているのがリン酸塩である. リン酸は骨や歯の構成成分であるとともに, ATPの構成成分であり, 高エネルギーリン酸結合とよばれる特殊な結合をしている. このように無機塩類は, 細胞に含まれている量は少ないがそれぞれに大切な機能を果たしている.

　細胞は, このように多くの高分子有機物質や低分子の有機・無機物質から成り立っている. これらの細胞構成成分は, それぞれ単独で存在していることもあるが, 多くの場合は互いに結合して細胞を構成して生きるための大切な機能を果たしている.

章末問題

問題1 タンパク質は多数のアミノ酸がペプチド結合により鎖状につながってできている．タンパク質を構成するアミノ酸にはどのようなものがあるか．また，成人の体の中で生合成されないアミノ酸は何か．

問題2 単糖を，構成する炭素の数によって分類し，それぞれの単糖の名称を書け．また，これらの単糖の生体内での働きを調べよ．

問題3 すりつぶした肝臓に，クロロホルムを加えてよくかきまぜたあと，ろ過した．クロロホルム層に含まれる生体成分は何か．

3 生命を維持する働き(1)

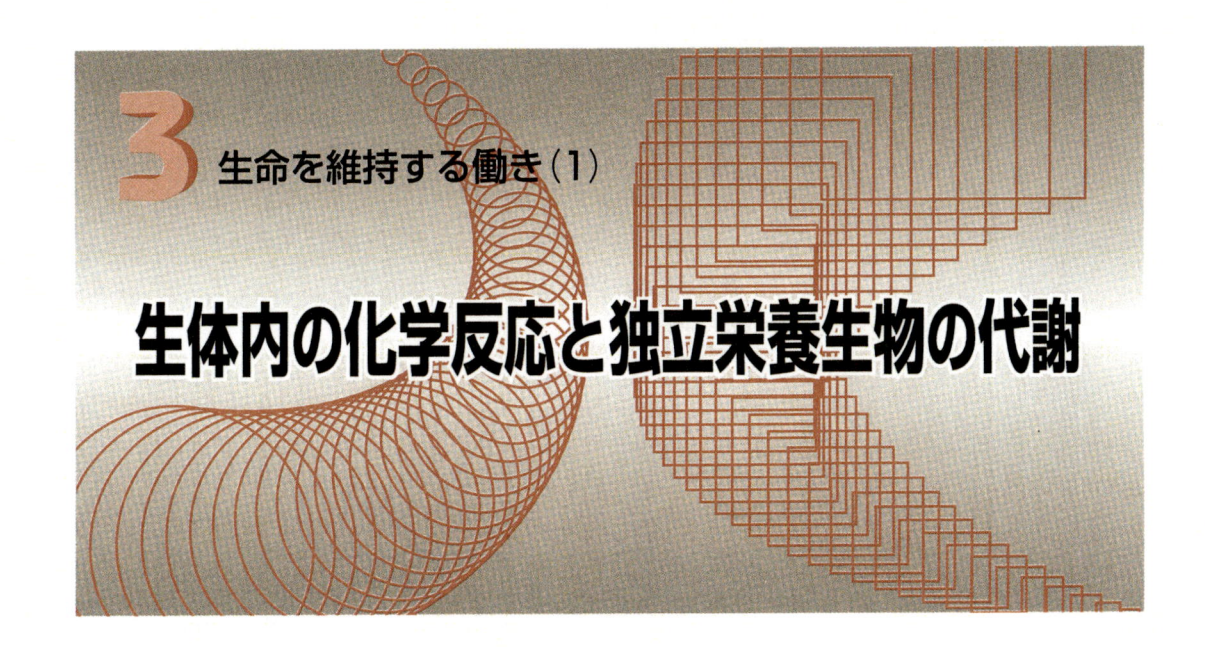

生体内の化学反応と独立栄養生物の代謝

　生物の体内では，正常な生命活動を営むために絶えず化学反応が起こっている．たとえば，緑色植物は水と二酸化炭素から，太陽の光エネルギーを利用して自らに必要な有機物質を合成している．このような生物を独立栄養生物という．動物や細菌類のように有機物質を合成できない生物を従属栄養生物といい，植物が合成した有機物質を食物の形で摂取し，その有機物質に含まれる炭素と水素を，呼吸作用で大気から取り込んだ酸素を用いて化学反応を繰り返しながら，水と二酸化炭素に分解（酸化）する．その過程で生じるエネルギーを利用してさまざまな生命活動を維持している．

　このような生体内の化学反応は，連続した酵素反応であり，これらの集積したものを物質代謝あるいはエネルギー代謝という（単に，代謝と

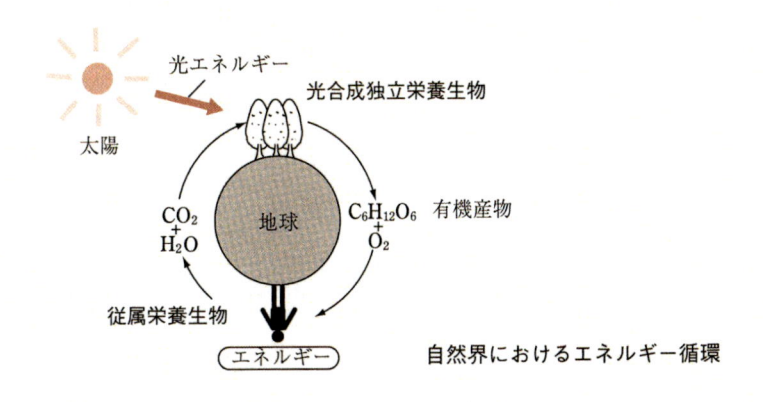

自然界におけるエネルギー循環

いわれることもある).生体内で行われている物質代謝は,多くの反応が組み合わされて複雑な反応系を構成し,これらの反応系が互いに調和し生命活動を支えている.生体内の反応系には,高分子物質を低分子化合物に分解する異化と低分子化合物から高分子物質を合成する同化に大別される.これらの反応が,生体内という環境下,すなわち常温(体温)・常圧という条件下ですみやかに進行させるために,生物は細胞の中に"酵素"という特殊な触媒を保有している.

3.1 酵 素

生きるために必要なエネルギーを得るために,生体内で行われている代謝系は,複雑な化学反応の集積であるが,これらの反応はすべて酵素とよばれる生体触媒によって進行する.

酵素はタンパク質でできており,酵素によってそれぞれ作用する物質が決まっている.酵素が作用する物質を基質といい,それぞれの酵素が特定の物質にだけ作用する性質を基質特異性という.たとえば,アミ

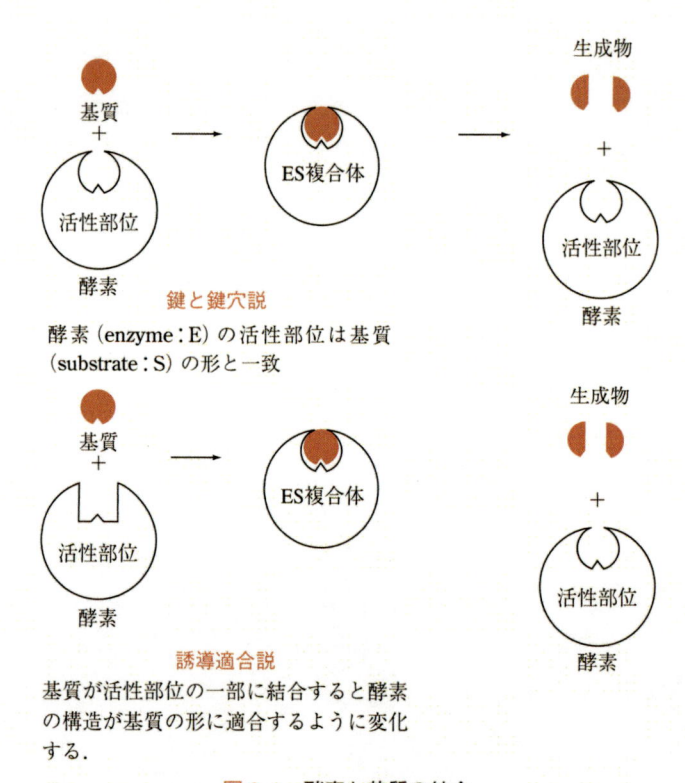

鍵と鍵穴説
酵素 (enzyme:E) の活性部位は基質 (substrate:S) の形と一致

誘導適合説
基質が活性部位の一部に結合すると酵素の構造が基質の形に適合するように変化する.

図 3.1 **酵素と基質の結合**

ラーゼはデンプンに作用してマルトースに分解するが，タンパク質には作用しない．逆に，タンパク質の加水分解を促進するペプシンやトリプシンはデンプンを加水分解することができない．このような酵素の基質特異性は，酵素であるタンパク質の立体構造に由来している．すなわち，酵素が基質と結合する部位（活性部位という）の形が酵素によって異なっており，その活性部位にぴったりあてはまる基質としか反応しない（鍵と鍵穴説，図3.1）．しかし最近になって，酵素の活性部位は不変のものではなく，柔軟性があり基質が結合するとその形が変化することも確かめられた．すなわち，酵素と基質が結合すると，酵素の立体構造が変化し，基質を受け入れるようになることがわかっている（誘導適合説）．この活性部位の形は，各酵素のアミノ酸の種類と並び方の順序によって決まるので，それぞれの酵素によって異なることになる．

また，各酵素にはそれぞれに最もよく働く温度（至適温度）とpH（至

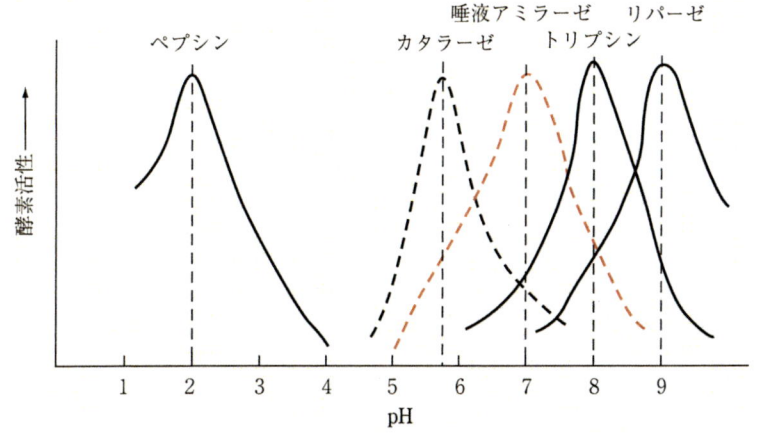

図3.2 酵素活性に対するpHの影響

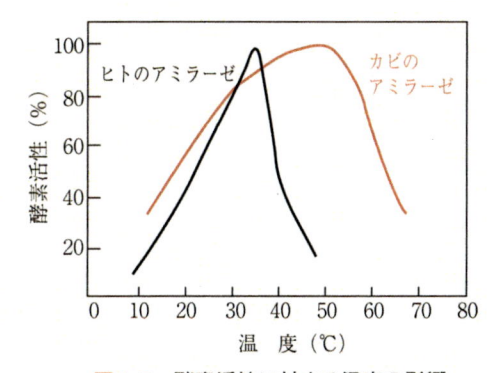

図3.3 酵素活性に対する温度の影響

適pH）がある（図3.2，図3.3）．消化やそのほかの代謝系で働く酵素は，細胞内の温度（ヒトでは約36～37℃）あるいは少し高めの温度（40℃付近）を至適温度とし，中性付近を至適pHとするものが多い．しかし例外もあって，たとえば胃の中でタンパク質に作用するペプシンの至適pHは2で，強酸性の胃液中で最もよく働くようになっている．酵素の種類によっては，その働きを発現するために，酵素自身のほかに，比較的低分子の有機物を必要とするものがある．そのような有機物を補酵素という．このほか，カルシウムイオン（Ca^{2+}）やマグネシウムイオン（Mg^{2+}）などの二価の金属イオンを必要とする酵素もある．生体中では，酵素の反応や反応生成物の量が微妙に調整され，恒常性（ホメオスタシス）が保たれているが，このような酵素反応の調節には，酵素の作用を阻害したり反応速度を低下させる酵素阻害剤が関与している．酵素阻害剤には，基質と構造がよく似ていて酵素の活性部位に結合して本来の基質の結合を抑制し，反応速度を低下させるものや，酵素が活性を示すために必要な金属イオンを取り除くキレート剤などがある．

生体内には多くの種類の酵素が存在し，一つの細胞内に1000種以上の

> **補酵素**
> 助酵素ともいわれる．酵素のタンパク質部分（アポ酵素という）と可逆的に結合して酵素作用の発現に寄与する分子．ふつうアポ酵素のみあるいは補酵素のみでは活性をもたないが，両者が結合して複合体（ホロ酵素という）になると酵素作用を示すようになる．

表3.1　酵素の分類

(1) **酸化還元酵素**（oxidoreductase）：酸化還元反応を触媒する．通称名でdehydrogenase, oxidase, oxygenase, peroxidaseなどが属する．例としては，電子伝達系に関与するシトクロム酸化酵素，クエン酸回路で働くコハク酸脱水素酵素などがある．

(2) **転移酵素**（transferase）：原子団の転移を触媒する．通称名でkinase, transaminase, transacetylaseなどが属する．例としては，アミノ酸の代謝過程で働くアミノ基転移酵素などがある．

(3) **加水分解酵素**（hydrolase）：加水分解反応を触媒する．通称名でprotease, amylase, lypase, phosphataseなど．例としては，タンパク質の消化酵素であるトリプシンやキモトリプシン，炭水化物の消化酵素であるアミラーゼ，脂質の消化酵素であるリパーゼなどがある．

(4) **リアーゼ**（lyase, 脱離酵素）：非加水分解的に原子団を除去する．通称名でdecarboxylase, aldolase, hydrataseなど．例としては，ピルビン酸脱炭酸酵素（ピルビン酸をアセトアルデヒドとCO_2に分解）などがある．

(5) **イソメラーゼ**（isomerase, 異性化酵素）：異性体間の転換反応を触媒．通称名でracemase, isomerase, mutase, mutarotaseなど．例としては，解糖系で働く，ホスホグルコムターゼ（グルコース 6-リン酸をグルコース 1-リン酸に変える）などがある．

(6) **リガーゼ**（ligase, 合成酵素）：ATP，GTPなどからピロリン酸（PP_i）の開裂に伴う高エネルギー産生によって，二種の基質の縮合反応を触媒する．通称名でsynthetase, carboxylaseなど．例としては，アセチルCoA合成酵素（酢酸とCoAからアセチルCoAをつくる）などがある．

酵素が含まれている．これらの酵素が一つ一つの化学反応を触媒しており，どの酵素が欠けても細胞は生きてゆくことができない．

すべての酵素は，それが触媒する反応のタイプに基づいて酸化還元酵素，転移酵素，加水分解酵素，リアーゼ（脱離酵素），イソメラーゼ（異性化酵素ともいう），リガーゼ（合成酵素）の六種類に分類されている（表3.1）．

3.2 独立栄養生物の代謝 —— 光合成

光合成とは，細胞が無機物である水と二酸化炭素を取り込み，光エネルギーを利用して炭水化物などの有機物質を合成することである．光合

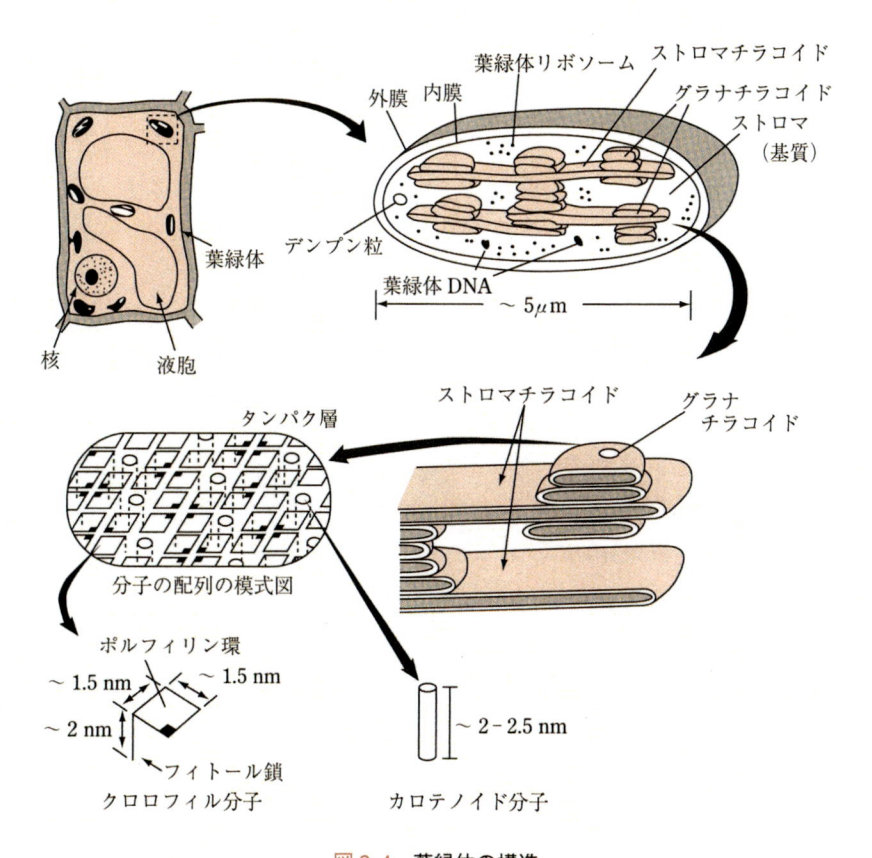

図3.4 葉緑体の構造
光合成を行うことができる細胞は，光を吸収するための色素（光合成色素）を葉緑体（クロロプラスト）の中に含んでいる．

β-カロテン

クロロフィル a

成を行う生物の代表は緑色植物で，葉緑体（図3.4）に含まれているクロロフィル，キサントフィル，カロテンなどの色素（光合成色素とよばれる）によって光エネルギーを吸収し，このエネルギーを使って空気中の炭酸ガスと根から吸収した水を使ってデンプンをつくる．このとき酸素が発生する．

　光合成の代謝には，基本的には二つの代謝過程がある．第一の過程は，光エネルギーを取り入れて，第二の過程に必要なエネルギー（ATP）や還元物質（ニコチンアミドアデニンジヌクレオチドリン酸，NADPH）をつくる光化学系で明反応とよばれる．第二の過程は，このATPやNADPHを使って，水と二酸化炭素からグルコースを合成する過程で，この過程は光が関係しないので暗反応とよばれる．第一の過程では，葉緑体のチラコイド膜に存在する光合成色素が光エネルギーを吸収し，水の分解によって生まれた電子（e^-）がこれを受け取って励起状態となる．その結果，多量のATPが産生される．電子（e^-）が抜けたあとの〔H〕は，酸化型の補酵素（NADP）と結合してNADPHとなる．第二過程の暗反応は，非常に複雑な代謝系であるが，その要点は図3.5に示すとおりである．この代謝は，発見者であるカルビン（Calvin）とベンソン（Benson）の名前をとってカルビン-ベンソン回路とよばれる．光合成代謝の第一過程，第二過程の二つの化学反応をまとめると次式のようになる．

励起状態
通常原子・分子の電子基底状態に対して高いエネルギーをもつ電子状態をいう．高い励起状態から最低励起状態への内部変換速度は非常に速く，高い励起状態の寿命は数ピコ秒以下とされている．

$$6\,CO_2 + 12\,H_2O + 光エネルギー \longrightarrow C_6H_{12}O_6 + 6\,O_2 + 6\,H_2O$$

3.2 独立栄養生物の代謝——光合成

光合成代謝の最終的産物であるグルコースは，ただちにより大きな分子であるショ糖やデンプンにつくり変えられて葉の葉緑体内や塊茎の細

M. Calvin（1911～1997），米国の生化学者，1961年ノーベル化学賞を受賞．
ⓒ The Nobel Foundation

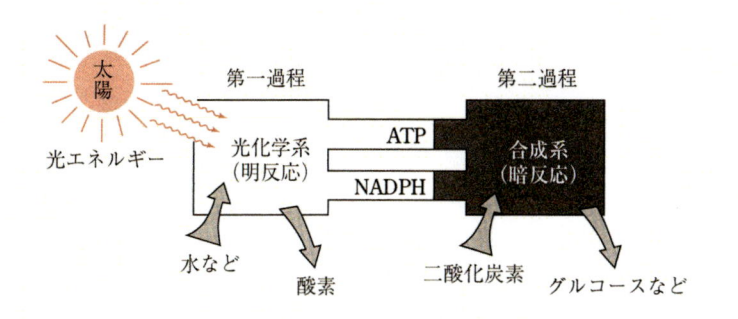

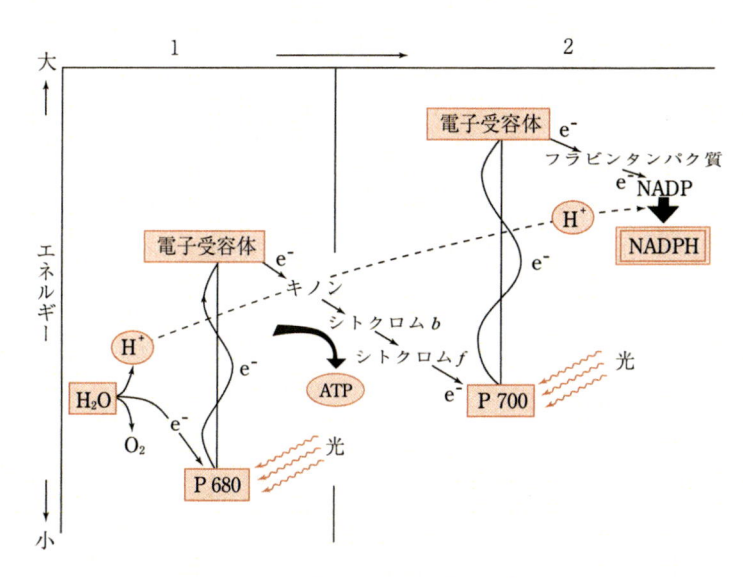

第一過程（明反応）のしくみ

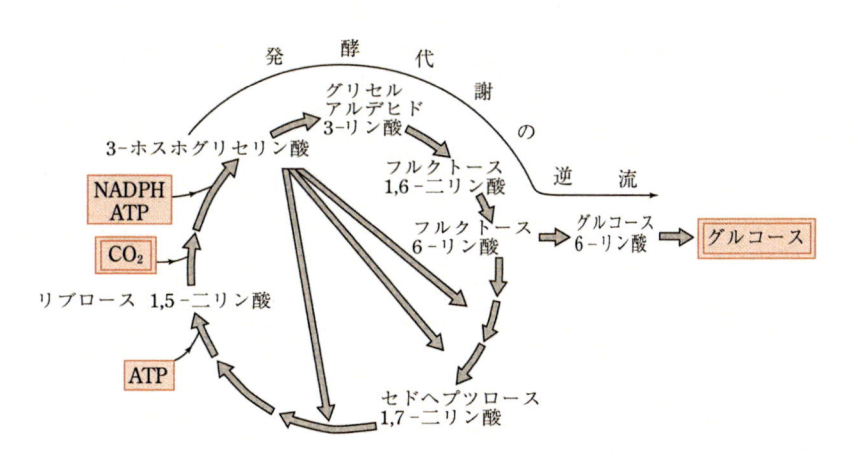

第二過程（暗反応）のしくみ

図3.5 光合成の二つの過程

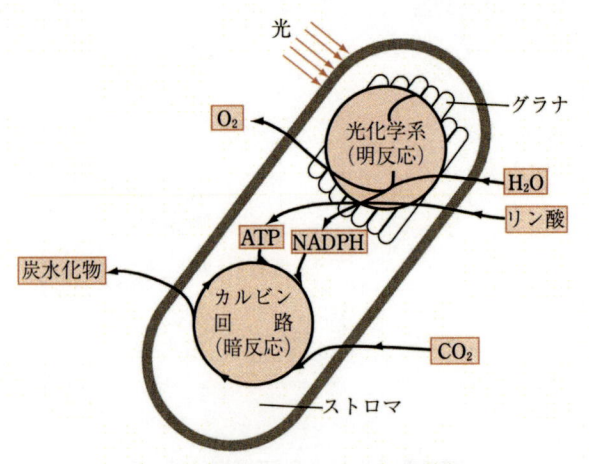

図 3.6 葉緑体の中での光合成過程

胞または種子に蓄えられる．光合成代謝の第一過程と第二過程は，葉緑体の中で場所を分けて分業されている．第一過程はグラナの膜の中で行われ，第二過程はストロマの中で行われている（図 3.6）．光合成を行う生物は，真核生物である緑色植物のほかに，ラン藻や光合成細菌など原核生物にも見られるがその概要はほぼ同じである．

章末問題

問題 1 密閉した透明なプラスチックの容器を二つ用意し，片方にはネズミ一匹を，もう一方にはネズミ一匹と葉のよく繁った鉢植えの植物を入れ，ともに陽のさす場所に置いた．植物の入っていないほうの容器中のネズミに比べ，植物の入っている容器中のネズミは長く生きていた．その理由を説明せよ．ただし，いずれの容器でも餌と水は十分に入っていたものと考えよ．

問題 2 クエン酸回路における各反応を触媒する酵素は，表 3.1 に示した六種類の酵素のうち，どれに属するか．

4 生命を維持する働き(2)

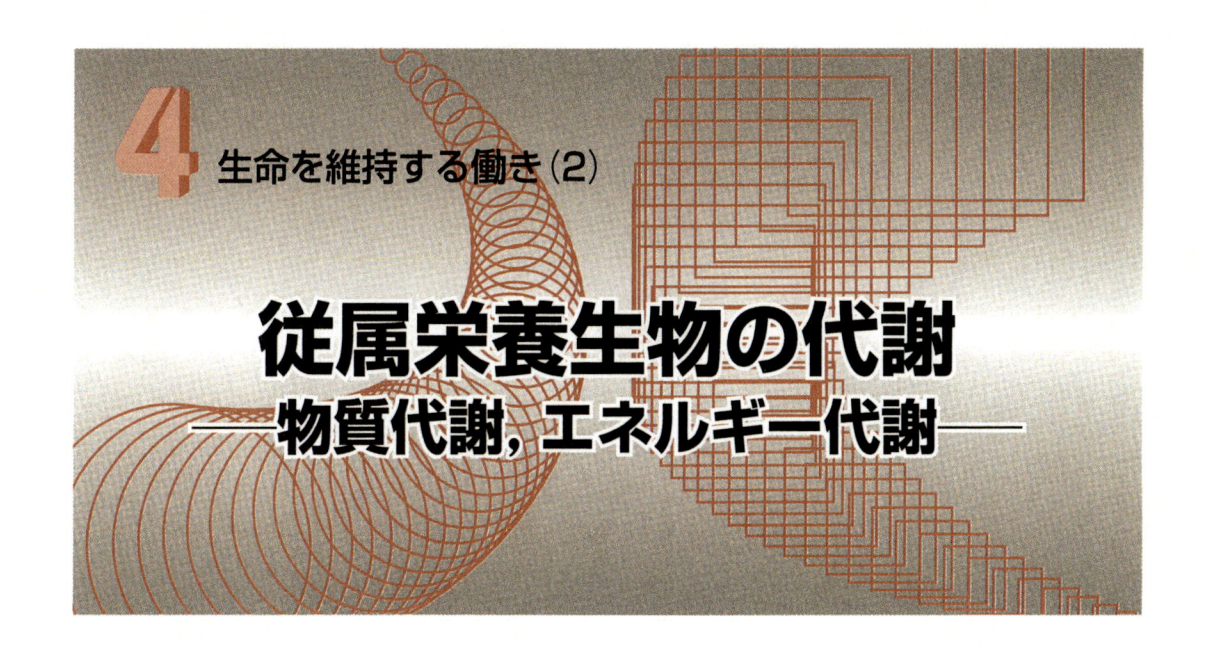

従属栄養生物の代謝
——物質代謝,エネルギー代謝——

　従属栄養生物は,独立栄養生物によってつくられた有機物質を栄養物質として取り入れ,これを生体内で代謝してエネルギーや自分にとって必要な生体物質につくり変えている.従属栄養生物の代謝系における異化とは,栄養源として取り入れた糖質,タンパク質,脂質などの高分子の栄養素としての有機分子を二酸化炭素,アンモニア,水のような低分子化合物に分解する過程であり,このとき多量のエネルギーを遊離する.このエネルギーはATPとして蓄えられ,必要に応じてエネルギー源として用いられる.同化とは,異化とは逆に合成的な面で,異化によっていったんアミノ酸やグルコースのような構成単位にまで分解したものを,ふたたび生体に必要なタンパク質,糖質,脂質,核酸などの高分子物質につくり変える過程であり,生合成とよばれる.これらの生合成にはエネルギーが必要で,このエネルギーの大部分はATPの分解で得られる(図4.1).

4.1 異化

異化の過程は,次の四つの過程に分けることができる.

(1) 消化と吸収

　栄養物質として取り入れた高分子有機化合物を各種の消化酵素によって,その構成単位となっている化合物に分解する過程をいう.消化の方

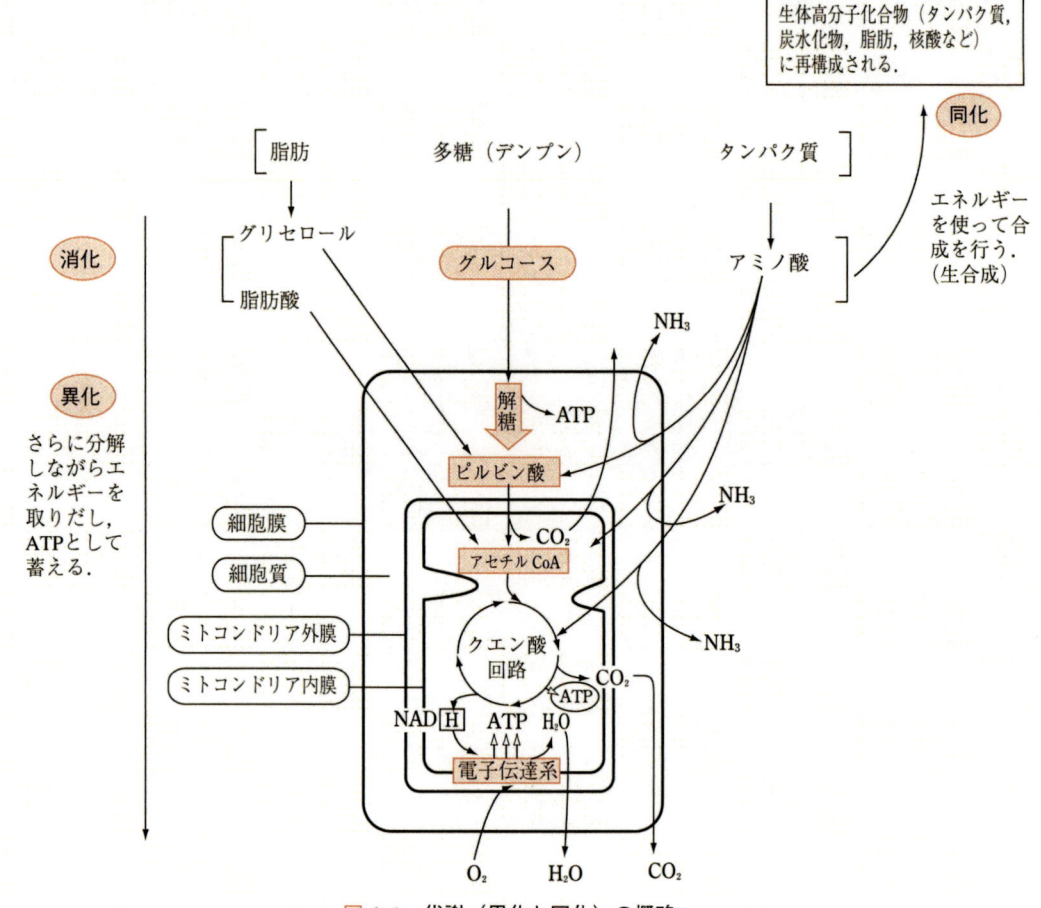

図 4.1 代謝（異化と同化）の概略

(1) 消化：高分子化合物から単位有機分子へ．
(2) 解糖：C_6 化合物（グルコース）から C_3 化合物（ピルビン酸）へ．
(3) クエン酸回路：ピルビン酸は脱炭酸されてアセチル CoA（C_2 化合物）となった後，この回路に取り込まれ，次つぎに CO_2（C_1 化合物）を発生しながら分解していく．
(4) 電子伝達系（酸化的リン酸化）：クエン酸回路で取りだされた水素を受けとってそれに含まれるエネルギーを搾りだす．

どの過程も"酵素"を触媒とする生体反応である．

法には，原生動物（アメーバ，ゾウリムシなど）や海綿動物で行われているような食物を細胞内に取り込んで消化する"細胞内消化"と，ヒドラ，スナイソギンチャクのような腔腸動物以上の動物で行われているような食物を消化管内で消化液により消化し，消化管より吸収する"細胞外消化"とがある．ヒトの場合は，消化は消化器系の諸器官で行われ，多糖類はアミラーゼやマルターゼなどの酵素によって口中や小腸でグル

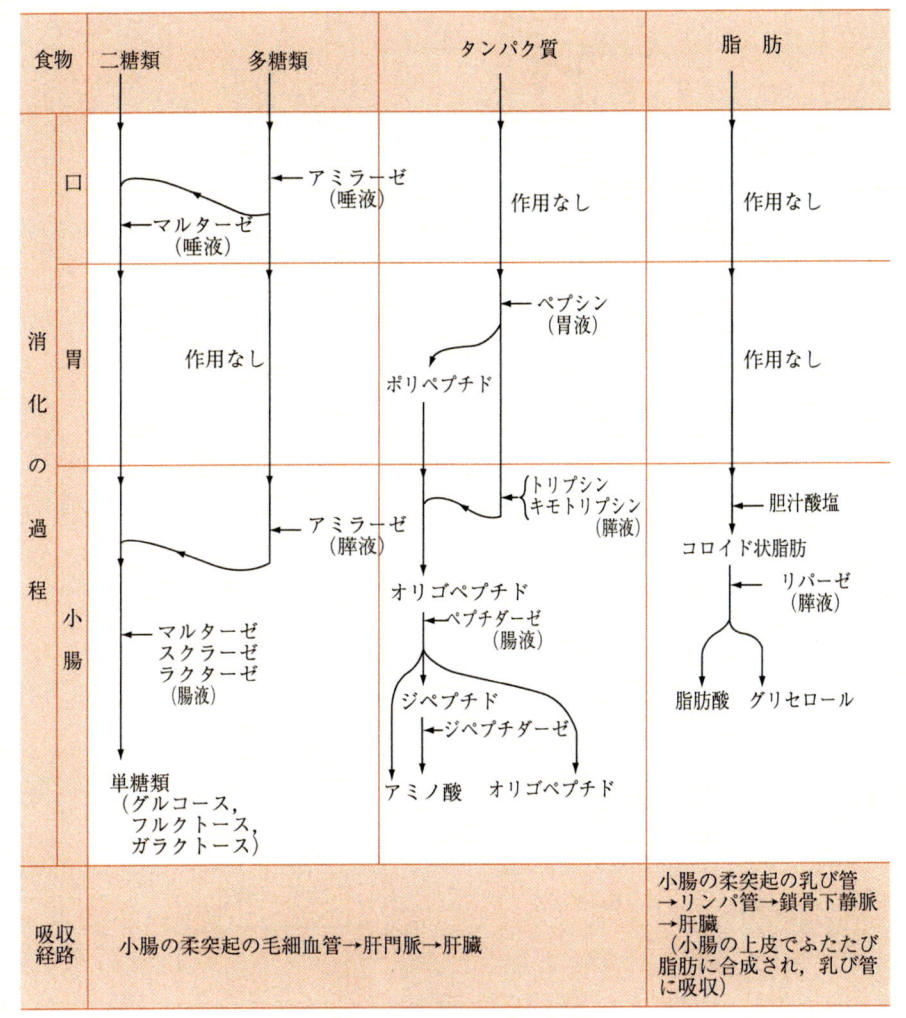

食物		二糖類	多糖類	タンパク質	脂肪
消化の過程	口	←マルターゼ（唾液）	←アミラーゼ（唾液）	作用なし	作用なし
	胃	作用なし		←ペプシン（胃液） ↓ ポリペプチド	作用なし
	小腸	←マルターゼ スクラーゼ ラクターゼ （腸液） ↓ 単糖類（グルコース，フルクトース，ガラクトース）	←アミラーゼ（膵液）	←トリプシン キモトリプシン（膵液） ↓ オリゴペプチド ←ペプチダーゼ（腸液） ↓ ジペプチド ←ジペプチダーゼ ↓ アミノ酸　オリゴペプチド	←胆汁酸塩 ↓ コロイド状脂肪 ←リパーゼ（膵液） ↓ 脂肪酸　グリセロール
吸収経路		小腸の柔突起の毛細血管→肝門脈→肝臓			小腸の柔突起の乳び管→リンパ管→鎖骨下静脈→肝臓（小腸の上皮でふたたび脂肪に合成され，乳び管に吸収）

図 4.2　栄養素の消化過程

コース，フルクトースなどの単糖類に，タンパク質はペプシンやトリプシンなどのプロテアーゼとよばれる酵素によって胃や小腸でアミノ酸に，脂肪はリパーゼという酵素によって小腸で脂肪酸とグリセロールに分解される．これらの大部分は，小腸を通過する間に吸収される．栄養分や必要な物質を吸収された残りかすは大腸に移送される（図 4.2）．

（2）解糖系

それぞれの構成単位にまで分解されたのち細胞内に吸収された栄養物質は，細胞内の細胞質基質とミトコンドリアにおいて引き続き分解を受

```
           グルコース   C₆
              │   ↘ ATP
              ❶
              ▼
         グルコース 6-リン酸
              ❷
              ▼
        フルクトース 6-リン酸
              │   ↘ ATP
              ❸
              ▼
       フルクトース 1,6-二リン酸
              ❹
         ┌────┴────┐
         ▼         ▼
   グリセルアルデヒド  ジヒドロキシアセ
   3-リン酸  C₃  ⇔❺  トンリン酸  C₃
         │     Pᵢ
         ❻ ↘ H
         ▼
   1,3-ビスホスホグリセリン酸
         ❼ ↘ ATP
         ▼
      3-ホスホグリセリン酸
         ❽
         ▼
      2-ホスホグリセリン酸
         ❾
         ▼
   ホスホエノールピルビン酸
         ❿ ↘ ATP
         ▼
     ピルビン酸 C₃
```

(図中ラベル:)
- エタノール C₂ (アルコール発酵) ⓭
- アセトアルデヒド C₂ ⓬ CO₂
- 乳酸 C₃ (乳酸発酵) ⓫
- クエン酸回路

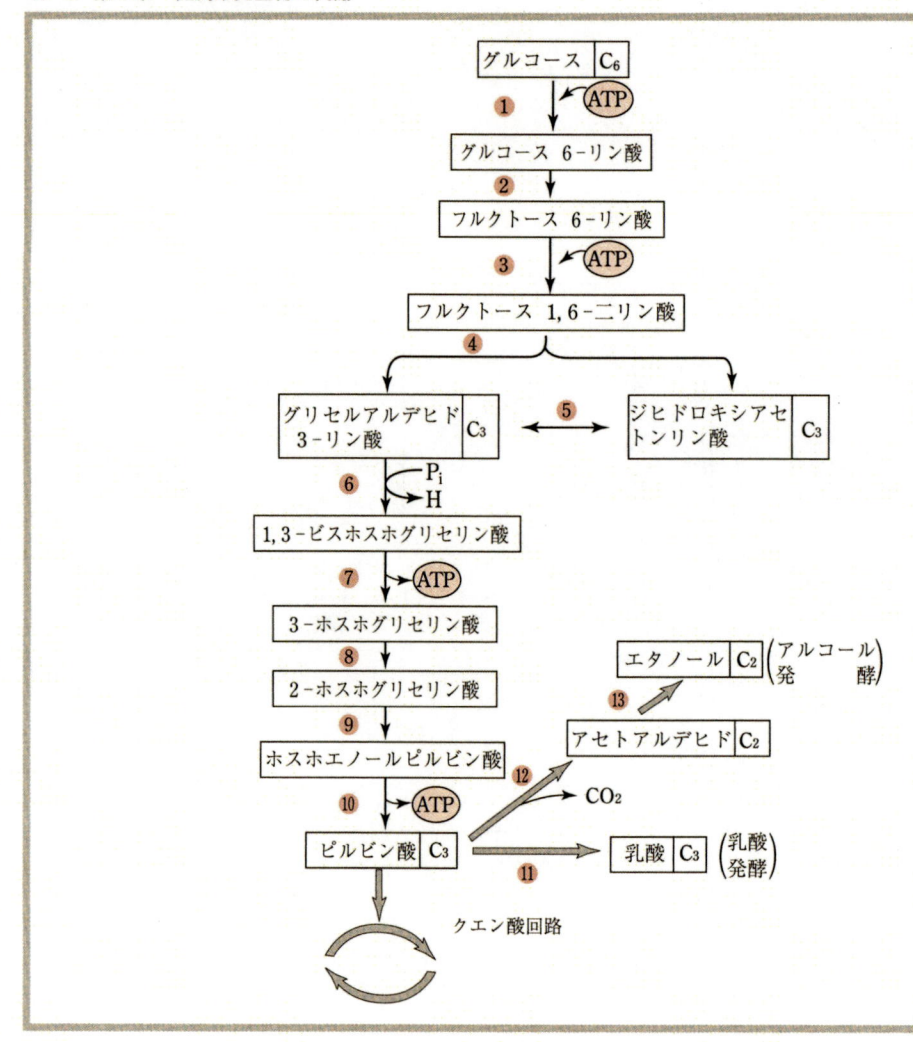

ける．たとえば，炭水化物の消化によって生じたグルコースは，小腸で吸収され血液中を輸送されて肝臓などの各組織に送られ，ここでふたたび細胞内に取り込まれ，解糖系とよばれる一連の分解を受ける．解糖系は細胞質基質で酸素を利用しない嫌気的代謝（嫌気呼吸）とよばれ，C_6 化合物（グルコース）から C_3 化合物（ピルビン酸）に分解される過程である．グルコースはグルコース 6-リン酸──→フルクトース 6-リン酸──→フルクトース 1,6-二リン酸を経て C_3 化合物であるグリセルアルデヒド 3-リン酸に分解された後，さらに五段階の反応を経てピルビン酸（$CH_3COCOOH$）になる．解糖系では，一分子のグルコースが二分子のピルビン酸になる過程で，二分子の ATP が消費され，四分子の ATP

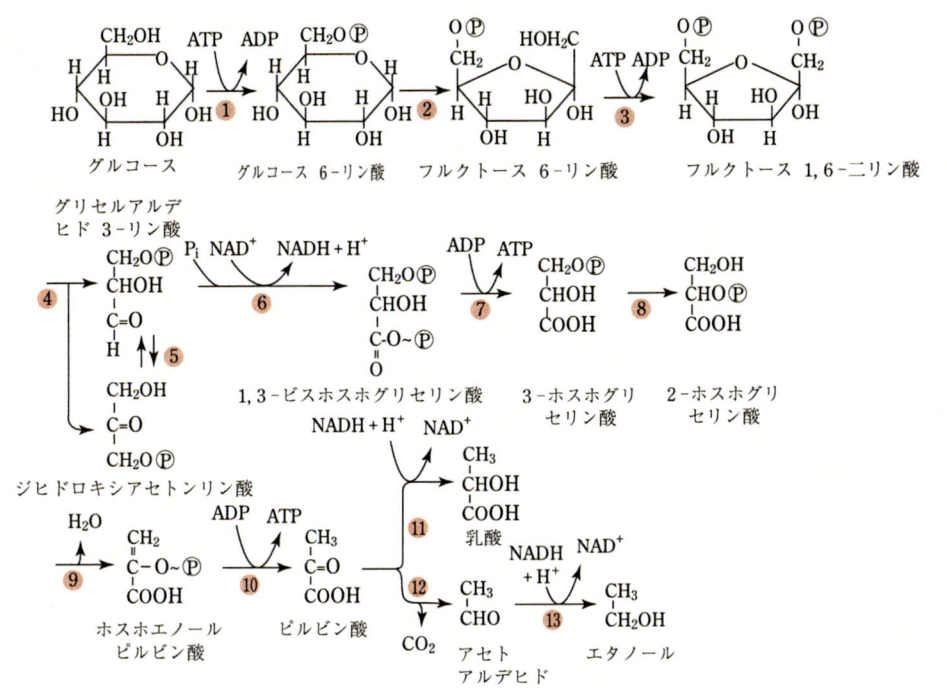

図 4.3　解糖：C_6化合物（グルコース）から C_3 化合物（ピルビン酸へ）
①〜⑬は，それぞれの過程で働く酵素．
① ヘキソキナーゼ，② グルコースホスフェートイソメラーゼ，③ ホスホフルクトキナーゼ，④ アルドラーゼ，⑤ トリオースホスフェートイソメラーゼ，⑥ グリセルアルデヒドホスフェートデヒドロゲナーゼ，⑦ ホスホグリセレートキナーゼ，⑧ ホスホグリセロムターゼ，⑨ エノラーゼ，⑩ ピルベートキナーゼ，⑪ ラクテートデヒドロゲナーゼ，⑫ ピルベートデカルボキシラーゼ，⑬ アルコールデヒドロゲナーゼ．
（右ページは，左ページを分子式で表したものである）

が産生されるので，差し引き二分子の ATP が産生されたことになる（図4.3）．解糖系で生じた〔H〕は電子伝達系で ATP に変換される．

（3）クエン酸回路

　解糖系によって1モルのグルコースから生じた2モルのピルビン酸（C_3 化合物）は，ミトコンドリアに取り込まれ，そのマトリックスで脱炭酸されて C_2 化合物であるアセチル CoA（CH_3CO-CoA，活性酢酸）となった後，クエン酸回路の本体に取り込まれ，さらに C_1 化合物である炭酸ガスに分解される．この過程をクエン酸回路という．クエン酸回路では，アセチル CoA は，まずオキサロ酢酸（C_4 化合物）と縮合して C_6 化

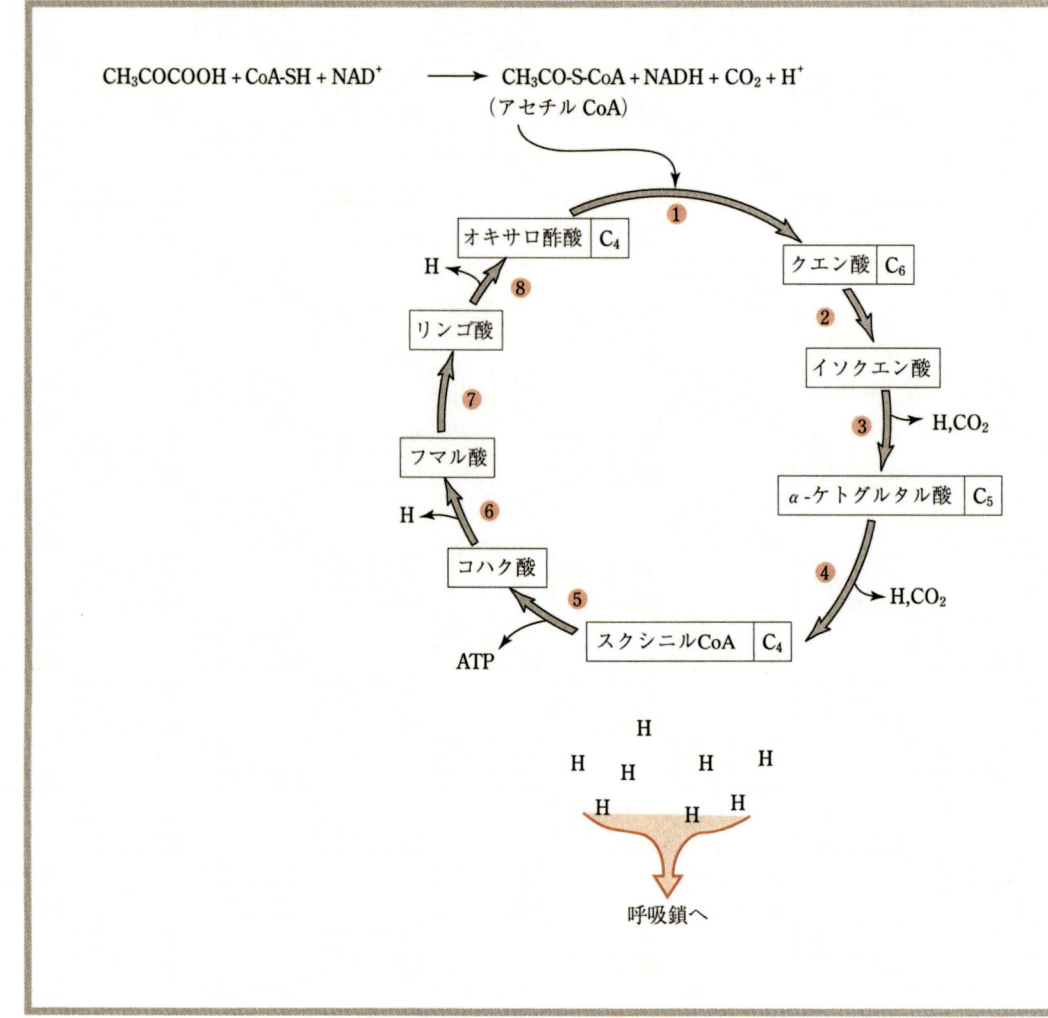

$CH_3COCOOH + CoA\text{-}SH + NAD^+ \longrightarrow CH_3CO\text{-}S\text{-}CoA + NADH + CO_2 + H^+$
（アセチル CoA）

オキサロ酢酸 C_4 ― ① → クエン酸 C_6
② → イソクエン酸
③ → H, CO_2
→ α-ケトグルタル酸 C_5
④ → H, CO_2
→ スクシニルCoA C_4
⑤ → ATP
→ コハク酸
⑥ → H
→ フマル酸
⑦ → リンゴ酸
⑧ → H

呼吸鎖へ

合物のクエン酸となり，さらに数段階の異性化によってα-ケトグルタル酸（C_5化合物），コハク酸（C_4化合物）を経てオキサロ酢酸を再生する．この過程は，酸化的脱炭酸反応であり，取りだされた水素はNADH，$FADH_2$として捕捉され電子伝達系に送られ，生じた炭酸ガスは肺より呼出される．ただし，グアノシン三リン酸（GTP：ATPのアデニンの代わりにグアニンが結合したもの）はただちに基質レベルのリン酸化を受けてATPに変換される．クエン酸回路は，クエン酸が三つのカルボキシル基を有する有機酸（トリカルボン酸）であることからトリカルボン酸回路(TCA回路)，あるいは発見者の名前を取ってクレブス回路ともよばれている（図4.4）.

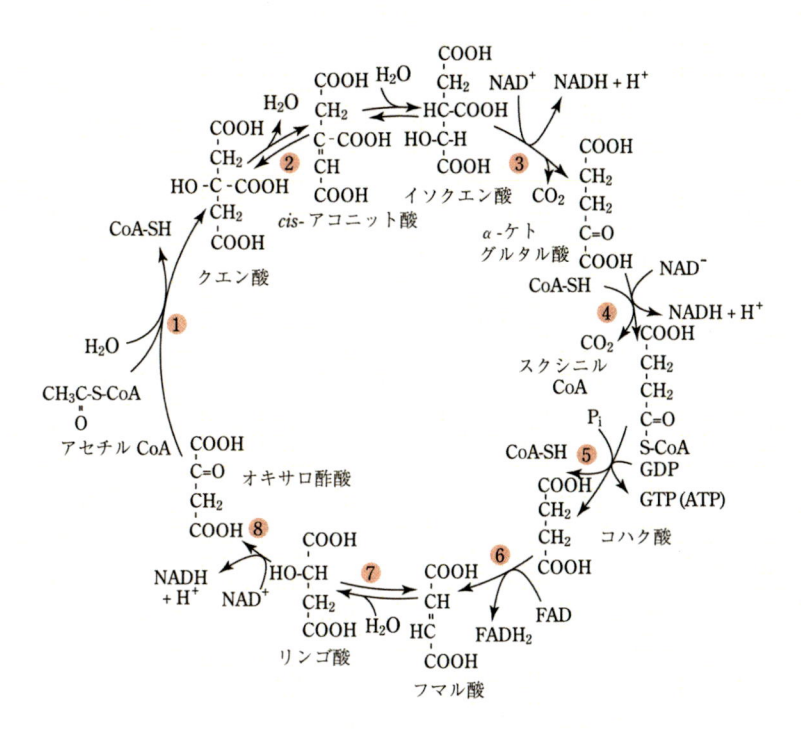

図 4.4 クエン酸回路（TCA 回路）：ピルビン酸（C_3 化合物）からアセチル CoA（C_2 化合物）を経て CO_2（C_1 化合物）へ　①〜⑧は，それぞれの過程で働く酵素．
① シトレートシンターゼ，② アコニテートヒドラターゼ（アコニターゼ），③ イソシトレートデヒドロゲナーゼ，④ α-ケトグルタレートデヒドロゲナーゼ複合体，⑤ スクシニル CoA シンテターゼ，⑥ スクシネートデヒドロゲナーゼ，⑦ フマレートヒドラターゼ（フマラーゼ），⑧ マレートデヒドロゲナーゼ
（右ページは，左ページを分子式で表したものである）

なお，CoA（coenzyme A，補酵素 A）は分子内にビタミンの一種であるパントテン酸をもっていて，そのさらに末端にあるチオール基（-SH）

図 4.5　CoA の構造

H. A. Krebs（1900〜1981），英国の生化学者，1953年ノーベル医学生理学賞受賞．
ⓒ The Nobel Foundation

がアセチル基（CH_3CO^-）とエステル結合することによってこのアセチル基を活性化し，これを代謝過程へと運搬する（図4.5）．脂肪酸や一部のアミノ酸の炭素骨格もアセチルCoAの形で代謝過程に誘導される．

（4） 電子伝達系

NADH，$FADH_2$は，ミトコンドリア内膜でふたたび水素を遊離し，その水素は原子核と電子に分解される．この電子を一連の電子伝達酵素群（フラビン酵素，シトクロム酸化酵素など）の間を流しながらエネルギーを抽出してATPに変えてゆくのが電子伝達系である．この電子伝達酵素群はミトコンドリア内膜に存在しており，したがってこの系の一連の反応はミトコンドリア内膜上で，肺から吸入した酸素を使って行われる．一連の異化反応の中で，この系で最も大量のATP，すなわちグルコース1モルより，34モルのATPが産生される（図4.6）．

このように代謝は，基本的に酸素を必要とする好気的条件下において

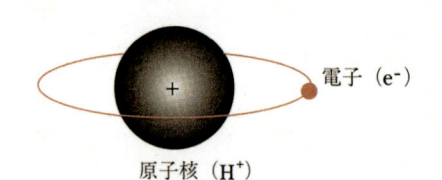

水素原子の構造
電子に化学エネルギーが含まれる．

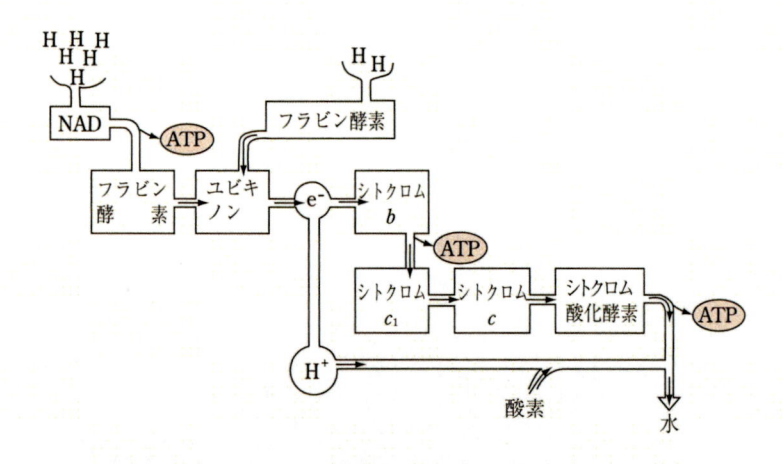

呼吸鎖における電子の流れ

図4.6 電子伝達系（水素伝達系，酸化的リン酸化，呼吸鎖）
クエン酸回路で取りだされた水素は電子伝達系に入り，ここでエネルギーが搾りだされる．

進行する（好気呼吸）．しかし，激しい運動などをして酸素の供給が追いつかないときは，筋肉や脳の細胞では嫌気的な反応が進み（嫌気呼吸），グルコースから生成したピルビン酸は酸化されることなく乳酸に変換される（図4.3）．この嫌気呼吸は，細菌（乳酸菌）や酵母菌でも行われており，乳酸菌はピルビン酸を乳酸に，酵母菌はピルビン酸をエタノールに変換している．前者は乳酸発酵，後者はアルコール発酵とよばれている（図4.3）．この嫌気呼吸によって産生されるエネルギーは解糖系によって得られる2 ATPのみなので，好気呼吸に比べてきわめて利用効率の低い代謝といえる．

脂肪，タンパク質，核酸の構成成分である脂肪酸，グリセロール，アミノ酸，ヌクレオチドなどは，それぞれに特有の分解を受けたのち，図4.1に示したように，解糖系，クエン酸回路に取り込まれる．また，それぞれの分解過程で産生されたNADHやFADH$_2$なども，グルコースの場合と同様に電子伝達系で酸化を受けてATPに変換される．

4.2 同 化

生体での種々の高分子物質の生合成過程は，異化と同様に酵素の触媒作用によって，エネルギー（ATPなど）を消費しながら行われる．たとえば，糖質含量の多い食事をしたときには，すぐに必要な量を超えたグルコースが供給されたことになる．この余剰のグルコースは，グリコーゲンシンターゼという酵素の作用によって順次α1,4-グリコシド結合（図2.13）でつながってゆき，さらに分枝酵素によってα1,6-グリコシド結合（図2.13）による枝分れが形成されて，グリコーゲンが合成される．この際のエネルギー源としては，ヌクレオチド三リン酸の一種であるウリジン三リン酸（UTP）が用いられる．グリコーゲンは肝臓や筋肉に蓄えられており，血中のグルコースが不足した（血糖値が下った）ときに，ふたたびグルコースに分解されてエネルギー源として利用される．

生体に必要な脂肪，タンパク質，および核酸の生合成もATPを消費して，それぞれ複雑な経路で行われている．その詳細は後学にゆずるが，タンパク質や核酸に含まれている窒素の同化についてのみ簡単に触れておく．タンパク質や核酸は，細胞の構造や酵素の構成成分として重要である．生物はこの窒素を，体外から取り込み，生体にとって必要な窒素化合物を合成する．この働きを窒素同化（窒素代謝）という．窒素は，大気中のガスの80％を占めている．しかし，生物を構成する窒素は直

分枝酵素
アミロース型多糖からアミロペクチンまたはグリコーゲン型の分子多糖をつくるグリコシル基転移酵素の一種．

接大気からくるのではない．大豆，クローバ，レンゲソウなどのマメ科植物の根に共生している根粒菌が空気中の窒素（N_2）を取り込み，アンモニア（NH_3）に変えてマメ科植物に与える．このようにして大気中の窒素は，有機性窒素として生物界に入ってくる．このことを窒素固定という（ある種の細菌やラン藻も窒素固定を行う）．この有機性窒素をいろいろな生物が利用する．NH_3 が水に溶けてできたアンモニウムイオン（NH_4^+）は，葉緑体に入り，そこでグルタミン合成酵素の働きでグルタミン酸と結合してグルタミンになり，さらにグルタミン酸生成酵素の働きで，クエン酸回路の産物である α-ケトグルタル酸と反応してグルタミン酸になる．このグルタミン酸のアミノ基（$-NH_2$）をアミノ基転移酵素の働きで，異化の中間産物であるピルビン酸，オキサロ酢酸などの有機酸に転移させ，それぞれアラニン，アスパラギン酸などのアミノ酸をつくることができる．このようにして，あるアミノ酸からほかのアミノ酸へと，ときには長く複雑な代謝経路を経て，20種のアミノ酸が合成される．このようにして固定された有機窒素が食物連鎖によりヒトや動物に捕食される．取り入れられたアミノ酸は，タンパク質の構築単位として重要であるが，DNA や RNA の塩基（p.31, 32 参照），NAD^+ や $NADP^+$ のような補酵素（p.40 参照）の合成にも寄与している．

　さて，このように生物に取り込まれた窒素は，その後どのように循環するのであろうか．この循環には多くの土壌にすむ微生物が関与している．つまり，動物の排泄物や死がい，植物の落ち葉などは，やがて土壌中の腐敗細菌によって分解される．これらに含まれている炭水化物と脂肪は，CO_2 と H_2O に分解されるが，タンパク質はアミノ酸に変わり，さらに NH_3 ができる．このとき，NH_3 が土壌中の水に溶けると，一部は NH_4^+ になる．NH_3 は土壌中の亜硝酸菌によって亜硝酸イオン（NO_2^-）に変えられ，さらに硝酸菌によって硝酸イオン（NO_3^-）に変えられる．NO_3^- は，還元によって NH_4^+ となりふたたび植物に取り込まれ，また脱窒素細菌によってふたたび大気中の遊離窒素として放出される．

章末問題

問題1　朝食にバターを塗ったパンを食べた．摂取したバターおよびパンは，どのような過程を経て，エネルギー（ATP）を生じるか．図 4.1, 4.2 を参考にして考えよ．

問題2　激しい運動をして，酸素の供給が不十分な状態になると，筋肉が痛くなることがある．この筋肉痛の原因は何か，考えてみよ．

5 生命の連続性——遺伝(1)

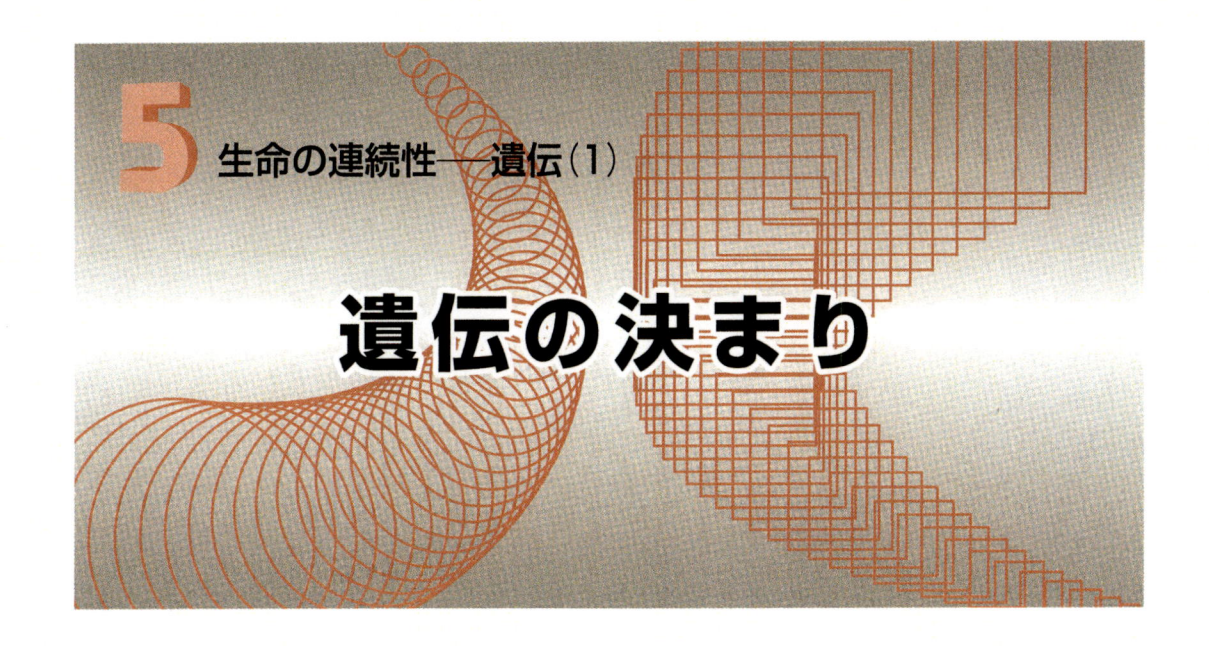

遺伝の決まり

ヒトをはじめとして生物はそれぞれ特有の形や性質をもっている．個々の生物がもつ形や性質を形質といい，いろいろな形質のうち親から子へと遺伝する形質を遺伝形質という．そして，親の形質が子に受け継がれることを"遺伝する"という．この遺伝現象を遺伝子という粒子を仮定して解析したのがメンデル (Mendel) であった．その後メンデルが仮定した遺伝子は，染色体という細胞内の構造としてとらえられ，さらにDNAという巨大分子がその本体であることが確かめられたのである．

5.1 メンデルの法則

オーストリアのメンデルは，エンドウマメを実験材料として用い，エンドウマメのいろいろな形質の中から表5.1に示した七種の形質（対立形質）を選び，それらの間でかけ合わせる交雑実験を行った．その結果を統計学的に分析することによって遺伝についての重要な法則を発見した．1865年のことである．この法則は，当時ほとんど誰からも認められなかったが，35年後の1900年にドフリース (De Vries)，コレンス (Correns)，チェルマルク (Tschermak) の3人によって正しいことが証明され，メンデルの法則とよばれるようになった．

エンドウの代々丸形の種子をつけるものとしわ形の種子をつけるものとを親 (Parental) として交雑すると，雑種第一代 (Filial-1) の種子はすべて丸形となった．このような一組の対立形式にのみ注目して交雑し

G. J. Mendel (1822～1884)，オーストリアの遺伝学者．

表5.1 メンデルが選んだエンドウの七組の対立形質と交雑結果

形質		種子の形	子葉の色	種皮の色	さやの形	さやの色	花のつき方	草丈
Pの形質（七対の対立形質）	優性	丸形	黄色	有色	ふくらみ	緑色	葉のつけ根	高い
	劣性	しわ形	緑色	無色	くびれ	黄色	茎の頂	低い
F_2での分離個体数	優	5474	6022	705	882	428	651	787
	劣	1850	2001	224	299	152	207	277
F_2の分離比（優:劣）		2.96：1	3.01：1	3.15：1	2.95：1	2.82：1	3.14：1	2.84：1

自家受精

一つの花または個体のめしべとおしべの間で受粉が行われることを自家受粉といい, これによる受精を自家受精という. エンドウは花の形が特殊で, 自家受粉が起こりやすい.

T. H. Morgan (1866～1945), 米国の遺伝学者, 1933年ノーベル医学生理学賞を受賞.
Ⓒ The Nobel Foundation

たときに得られる雑種を一遺伝子雑種という. また, F_1の自家受精によって生じる雑種代二代 (F_2) では, 表5.1のように, 丸形の種子としわ形の種子がほぼ3：1の割合で現れた. メンデルは, 表5.1のように, そのほかの形質についても交雑を行い, 同様の結果を得た. そして, この結果を説明するために, F_1に現れる形質を優性形質, 現れない形質を劣性形質とし, 個体（体細胞）にはそれらの形質が現れるもとになる何らかの「因子（要素）」があって, 形質を決定する因子そのものは, 世代を経過しても分割されたり, 希釈されたりせず安定して存在し続けるというのがメンデルの考え方の基本であった. メンデルの仮定した因子は彼の法則の発見ののちに1909年のヨハンセン（Johannsen）の提案によってジーン（gene）とよばれるようになり, 日本語としては遺伝子があてられるようになった. その後, 遺伝子についての研究は目覚ましい速度で進展することになった. メンデルの発見した遺伝子の伝わり方は, 減数分裂や受精における染色体の動きとよく似ていることから, 遺伝子は染色体上に実在するものと考えられるようになった. そして, 1911年以後の数年にわたるモーガン（Morgan）一派のショウジョウバエを用いた一連の交配実験で, 染色体上に遺伝子があることが立証されたのである.

この遺伝子を用いてメンデルの法則を説明すると, 次のように考えることができる（一遺伝子雑種の遺伝のしくみ）. 優性形質（種子の丸形）を現す遺伝子をA, 劣性形質（種子のしわ形）を現す遺伝子をaとすると, 相同染色体を対にもつ体細胞では一つの形質に関する遺伝子を二つ

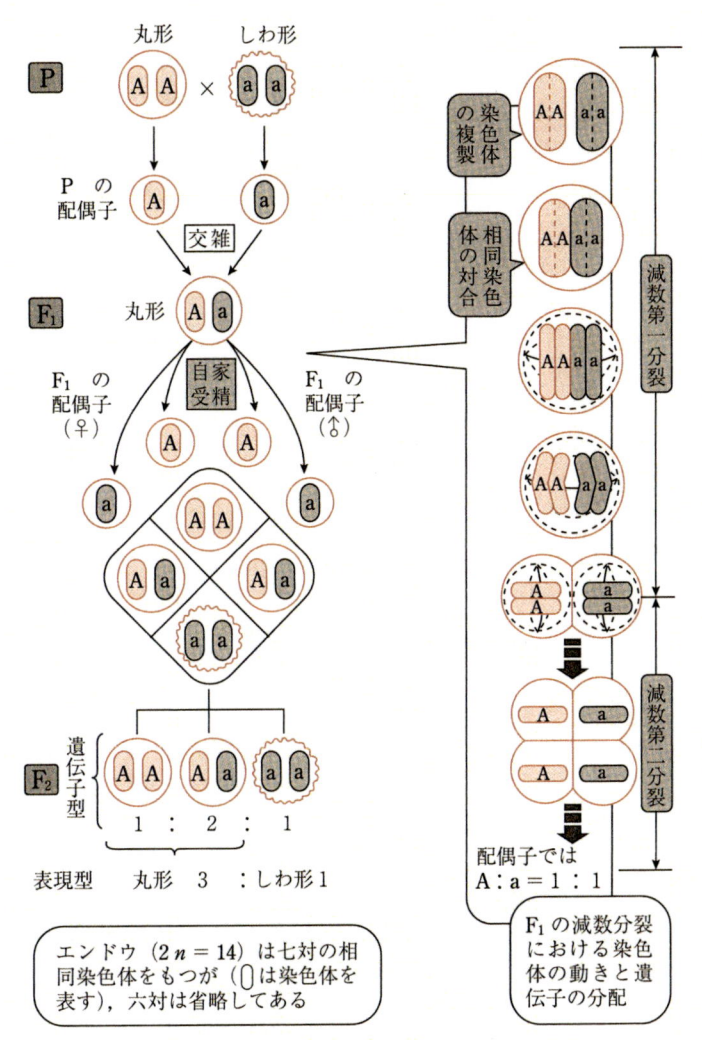

図5.1 一遺伝子雑種の遺伝のしくみ

相同染色体
二倍体の生物において父方および母方から由来した形態の相等しい一対の染色体.相同染色体上には同じ遺伝子,またはその対立遺伝子が同一順序で配列している.

もつので,丸形種子の親はAA,しわ形種子の親はaaという遺伝子構成をもっていることになる.このような個体のもつ遺伝子構成を遺伝子型といい,それがもとになって現れる形質を表現型という.

減数分裂では,相同染色体は分かれて別々の娘細胞に入るため,遺伝子型がAAである親の配偶子は遺伝子Aを,aaである親の配偶子は遺伝子aをそれぞれ一つずつもつことになる.したがって,それらの受精によってできるF_1の遺伝子型はAaとなる.このとき,対立遺伝子間には働きのうえで優劣があるので,F_1はすべて優性形質をもつことになる.これを優性の法則という.F_1(Aa)の配偶子が形成されるとき,対立遺

伝子Aとaも互いに分かれて別々の配偶子に入る．これを分離の法則という．この結果，F_1の配偶子にはAをもつものとaをもつものとが1：1の割合で生じ，それらが同じ確率で受精するものとすると，F_2は図5.1のように，遺伝子型では，AA：Aa：aa＝1：2：1，表現型では，優性：劣性＝3：1となる．遺伝子型がAAやaaのように同じ遺伝子からなる個体をホモ接合体といい，Aaのように異なる遺伝子からなる個体をヘテロ接合体という．ホモ接合体では，自家受精を何代繰り返しても子孫には同じ形質をもつ個体しか現れず，すべての対立遺伝子がホモとなっている生物の系統を純系という．

5.2　性と遺伝

雌雄の明らかな生物では，遺伝によって性の決定が行われるものが多く見られる．

5.2.1　性染色体と性の決定

雌雄の明らかな生物，たとえばキイロショウジョウバエの体細胞の染色体構成を調べると，図5.2のように，雌雄に共通な染色体と，雌雄で

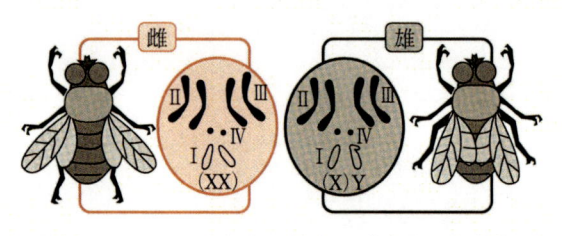

図5.2　キイロショウジョウバエの体細胞の染色体

組合せの異なる染色体があることがわかる．前者を常染色体，後者を性染色体といい，性染色体には性決定に関係する遺伝子があると考えられている．性染色体は普通XとYで表され，キイロショウジョウバエでは，雌は2本X染色体をもち，雄はX染色体とY染色体を1本ずつもっている．配偶子を形成する際，雌ではX染色体をもつ一種類の卵しかできないが，雄ではX染色体をもつ精子とY染色体をもつ精子の二種類が同じ割合で生じ，X染色体をもつ精子と卵が受精すれば雌（XX）になり，Y染色体をもつ精子と卵が受精すれば雄（XY）になる．したがって，出生する雌雄の割合（性比）は1：1となる．このような性決定の様式を雄異型のXY型といい，ヒトもその一例である．生物によってはY染色

> **異型（ヘテロ型）**
> ホモ接合体での遺伝子の組合せをホモといい，ヘテロ接合体での遺伝子の組合せをヘテロという．

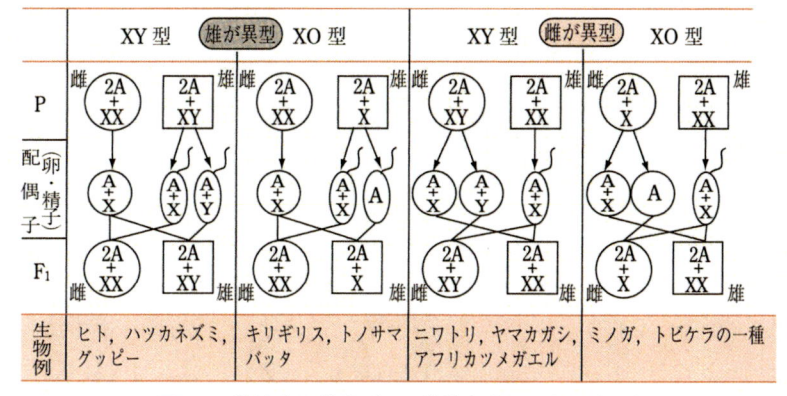

図5.3 性決定の様式（Aは常染色体の一組を表す）

体のないもの（XO型）や，雌が異型のものもある（図5.3）．

5.2.2 伴性遺伝

性染色体には性の決定に関与しない遺伝子も含まれる．このため，そのような遺伝子によって現れる形質の伝わり方は性によって異なってくる．

たとえば，キイロショウジョウバエでは，野生型は赤眼であるが，まれに白眼（劣性）のものがあり，白眼の雌と赤眼の雄との交雑や，赤眼の雌と白眼の雄との交雑を行うと，結果は図5.4のようになる．これは，白眼を現す遺伝子wとその対立遺伝子であるWがどちらもX染色体にあって，Y染色体には対立遺伝子がないためと考えられる．X染色体上

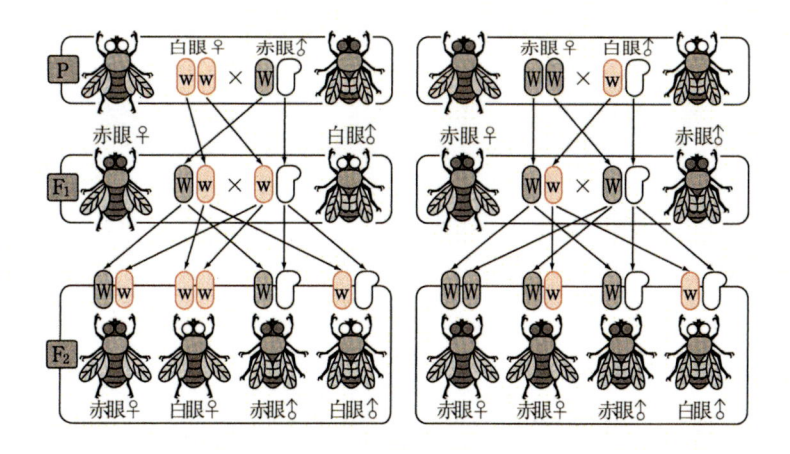

（Wは赤眼遺伝子，wは白眼遺伝子．◯はX染色体，◯はY染色体）

図5.4 キイロショウジョウバエの白眼の伴性遺伝

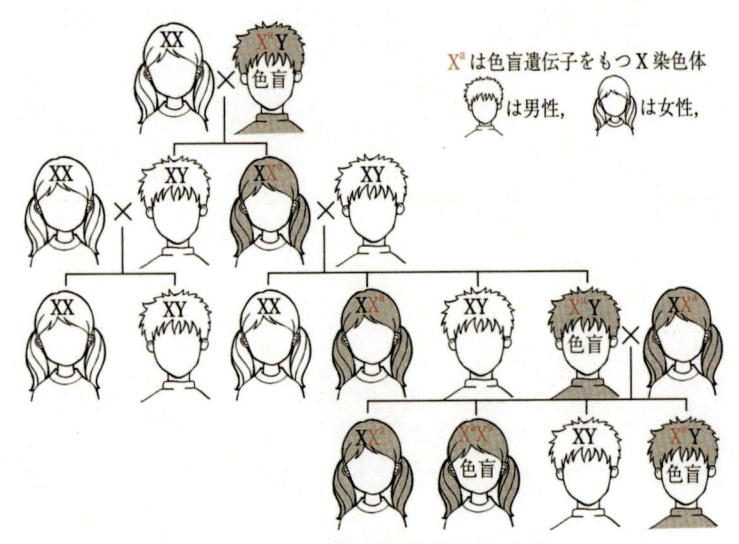

図 5.5 ヒトの赤緑色盲の伴性遺伝の例

X^a は色盲遺伝子をもつ X 染色体, は男性, は女性,

の遺伝子によるこのような遺伝を伴性遺伝という．

ヒトにも多くの遺伝形質があるが，赤緑色盲は伴性遺伝をすることが知られている．赤緑色盲の遺伝子は X 染色体にある劣性遺伝子で，Y 染色体には対立遺伝子がない．このため，女性はこの遺伝子がホモになる場合にのみ色盲になるが，男性は色盲遺伝子を一つもっただけでも色盲になるので，男性のほうに赤緑色盲が多く見られる（図 5.5）．

ヒトの血友病も伴性遺伝をすることが知られている．

章末問題

問題 1 モルモットには黒毛と白毛があり，黒毛遺伝子（B）は白毛遺伝子（b）に対して優性で，一遺伝子雑種として遺伝する．いま，黒毛の雄と白毛の雌を交雑したところ，生まれた子の中に，白毛のものがいた．黒毛の雄の遺伝子型を推定せよ．

問題 2 次の語句について簡潔に説明せよ．

　　　対立形質，　　遺伝子型，　　表現型，　　中間雑種

6 生命の連続性——遺伝(2)

生命を支配する遺伝子

6.1 遺伝子の発見

遺伝子は染色体上にあることがわかった．染色体はDNAとヒストンとよばれるタンパク質からできている．DNAの鎖がヒストンをとりまき，それがさらに複雑にからみあって，スーパーコイルをつくる．細胞が分裂期になると，このスーパーコイルがさらに凝縮して，染色分体とよばれるこん棒状の集合体となる．さらに2本の染色分体がセントロメアとよばれる部分でX状に接して染色体をつくっている．なお，有糸分裂の際にはセントロメアの部分に動原体というタンパク質が形成されて

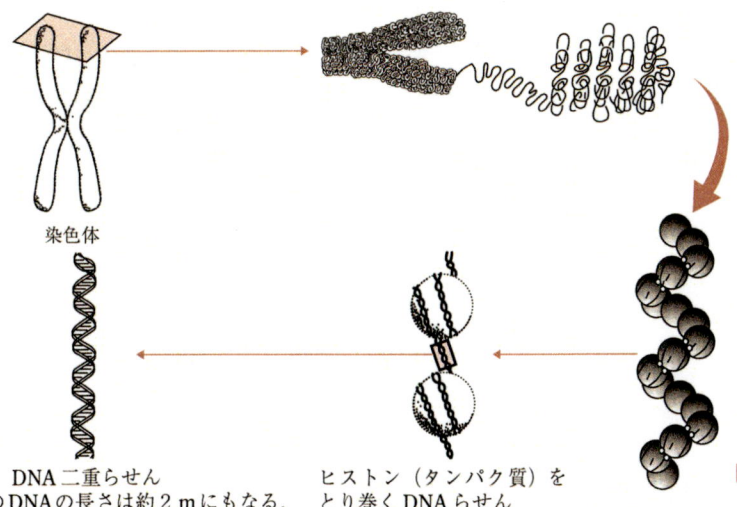

染色体

DNA二重らせん
ヒトの細胞のDNAの長さは約2mにもなる．

ヒストン（タンパク質）を
とり巻くDNAらせん

図6.1 染色体からDNA二重らせんへ

J. D. Watson (1928～), 米国の生化学者, 1962年ノーベル医学生理学賞を受賞.
ⓒ The Nobel Foundation

F. H. C. Crick (1916～), 英国の分子生物学者, 1962年ノーベル医学生理学賞を受賞.
ⓒ The Nobel Foundation

紡錘体と結合し，複製した染色体を両端に引いて分離させる．（図6.1．染色体については，p.81参照）．では，染色体の成分のうち何が遺伝子としての機能を担っているのであろうか．染色体を構成しているおもな成分は，タンパク質と核酸である．しかし，核酸（DNA）の構造は，四つのヌクレオチドからなる単純な構造の化合物と考えられていたため，複雑な現象である遺伝とは結びつけられず，遺伝子はタンパク質だろうと予想されていた．1944年には，エイブリー（Avery）は"遺伝子はDNAという物質である"ことを発見したが，当時はなかなか信じられなかった．そして10年近くもたってから，エイブリーの結論を支持する研究結果が次つぎと発表されるようになって，ようやくDNAは遺伝子として認められるようになった．また，ワトソン（Watson）とクリック（Crick）は1953年，このDNAにX線を当て，その光の跳ね返ってくる形から構造を解析するという技術（X線解析）を用いてDNAの構造を明らかにした．それが"二本のヌクレオチド鎖から成るらせん構造（DNAの二重らせん構造）"である（図2.15）．

6.2 遺伝子はどこにあるか

では遺伝子はDNAのどこに含まれるのだろうか．それは，このらせん鎖上における"ある範囲"なのである（図6.2）．遺伝子によってその範囲に大小はあるが，一般のタンパク質をつくる遺伝子は，一遺伝子が約1000ヌクレオチド対を含んでいる．そして，DNAの長いヌクレオチド鎖は，すみからすみまですべてが機能しているわけではなく，ある遺伝子と遺伝子の間には，なんの役にも立たない区間（この区間はスペーサーとよばれる）がある．役に立たないヌクレオチドの並び方は，また一つの遺伝子の中にも存在する．この部分は，イントロンとよばれる．ところが，DNAからmRNAができたとき，イントロン部分は切り捨てら

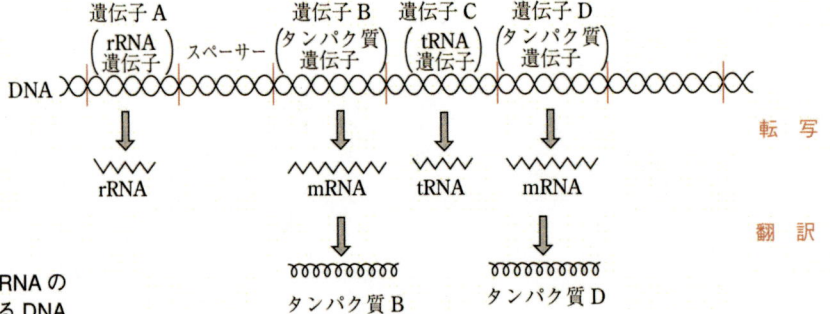

図6.2 タンパク質およびRNAの合成を支配しているDNA

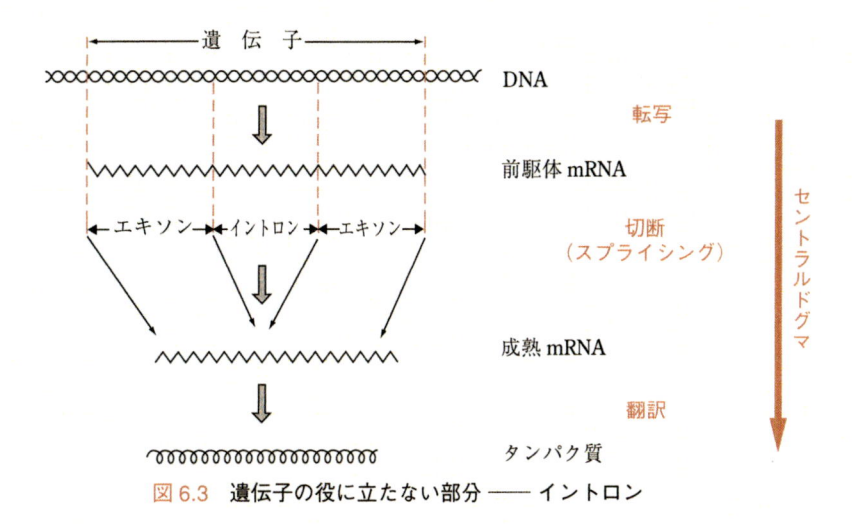

図6.3 遺伝子の役に立たない部分 —— イントロン

れて，役に立つ部分（これをエキソンいう）だけをつなぎ直してからタンパク質合成に使われる（図6.3, p.67参照）．このようなイントロン

コラム　ヒト・ゲノム解析計画（HUGO[*1]）

　その生物が生きるために必要な遺伝子の一組をゲノムとよんでおり，配偶子（一倍体）に含まれるDNAセットがそれにあたる．ヒトのゲノムは30億個の塩基対からなると推定され，ヒト・ゲノム解析計画はその全塩基配列を解読しようとする計画である．1988年に発足し，日，米，英，仏などの国際的な機構によって進められた．当初の予定より速く解析が進み，2000年クリントン米大統領とブレア英首相がその完成を発表した．この結果は，遺伝子診断など医学的にも計りしれない恩恵を人類社会に与えてくれることは確かである．一方，cDNA[*2]プロジェクトは，ヒトの全mRNA（数万種類存在すると予測される）の塩基配列を決定しようとする計画である．イントロンを除いた状態でタンパク質をコードする全遺伝子についての情報がこれによって得られるから，その成果はゲノム解析計画と相補する貴重なものとなるはずである．これも各国で開始されている．ヒトのみならず，各種の生物についてもゲノムプロジェクトが進められ，これまでに30種以上の生物のゲノム解析が終わっている．このような全生物界にわたるゲノムの比較によって，ゲノム進化が詳細に明らかにされ，生物の進化の道筋が提示されるだろう．

　　おもな生物の遺伝子数
　　　ヒト：3〜4万，マウス：ヒトと同程度？
　　　フグ：ヒトと同程度？
　　　ショウジョウバエ：1万4000
　　　シロイヌナズナ：2万5000
　　　線虫：1万9000，大腸菌：4300

[*1] HUGO（Human Genome Organization）
[*2] cDNA（complementary DNA，相補的DNA）
　　 RNAから逆転写酵素によってつくられる．RNAに相補的なDNA．

を含む遺伝子をもつものは真核生物に限られている．これは進化的にみてたいへん興味のあることである．

　遺伝子は，あらゆるタンパク質の合成を支配し，またすべてのRNA（mRNA, rRNA, tRNA）の合成を支配している（図6.2）．タンパク質の合成においては，まずDNA（遺伝子）の情報を受けたmRNAがつくられ，ついでmRNAの支配の下でタンパク質が合成される．したがって，mRNAは遺伝子のもつ情報をタンパク質に伝える役目を果たしているのである．rRNAやtRNAは，それぞれの遺伝子の情報を受けて合成される．このように，DNAの遺伝情報がmRNAを経てタンパク質に伝えられる形質発現（7章）の過程は，生命系のセントラルドグマ（中心的教義）とよばれる．

章末問題

問題1　RNAの種類とその役割についてまとめよ．

問題2　イントロンを含む遺伝子をもっているのは真核生物に限られている．その理由を考察せよ．

問題3　遺伝暗号はほとんどすべての生物に共通であるといわれている．生物進化の観点から，その理由を考察せよ．

7 生命の連続性——遺伝(3)

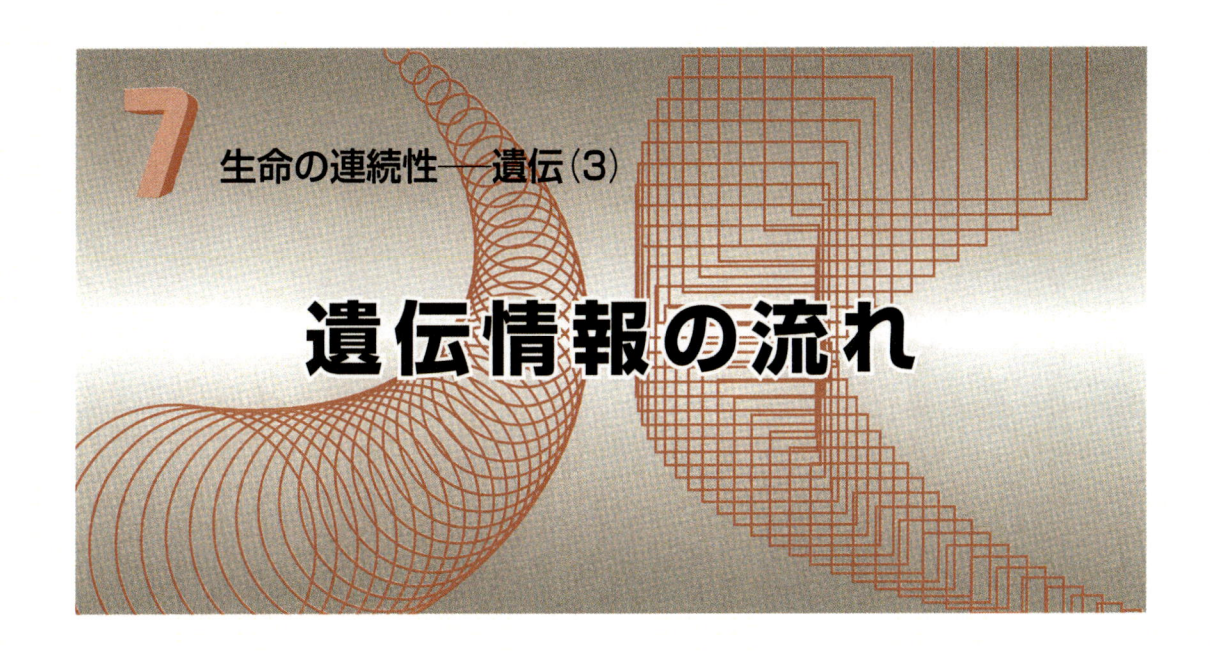

遺伝情報の流れ

　遺伝子，すなわちDNAは二つの大きな仕事をしている．一つは，親の形質を子や孫に伝えていく働きであり，もう一つは自分のもっている遺伝情報に従ってタンパク質を合成する働きである．前者を遺伝（作用），後者を形質発現とよぶ．

7.1　遺伝作用 —— DNA の複製

　遺伝における最も基本的な過程はDNAの複製，すなわちまったく同じヌクレオチド配列をもったDNAを新しくつくりだすことである．すなわち，生物が新しい個体をつくるために細胞分裂するとき，細胞の核内でもともとあるDNAとまったく同じDNAをもう1セットつくり（DNAの複製），それを二つの細胞に分配するのである．では，DNAの複製はどのような方法で行われるのであろうか．DNAの二重らせん構造をはじめて明らかにしたワトソンとクリックは，その当時すでにDNAの複製は次のようにして起こるだろうと予測していた．すなわち「二本のヌクレオチド鎖を結びつけている水素結合がまず切れて，両鎖が離れる．次に，それぞれの鎖のヌクレオチド配列を手本にして，A…T，G…C対の原理に基づいて新しいヌクレオチドの配列がつくられる．最後に2本の鎖は完全に離れ，独立した二つのDNAが出来上がる」と．この方法で複製されるとすると，新しくできたDNAの二本鎖のうち，一方は親のDNAからきたもので，実際に新しくつくられたのは片方だけ

A. Kornberg (1918〜), 米国の生化学者, 1959年ノーベル医学生理学賞を受賞.
ⓒ The Nobel Foundation

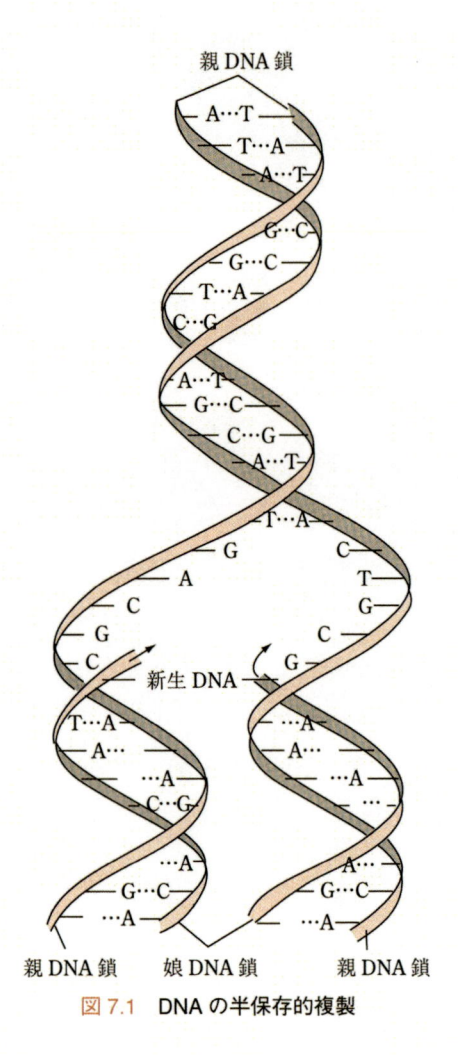

図 7.1 DNA の半保存的複製

である．ワトソンらは，このような複製の様式に対して半保存的複製（半保守的複製）とよんだ（図 7.1）．

　この予測が正しいことを証明したのはコーンバーグ（Kornberg）である．コーンバーグは 1956 年に，DNA を複製するための酵素（ヌクレオチドをつないでゆく酵素）である DNA ポリメラーゼを大腸菌から取りだし，試験管の中で DNA を複製させることにはじめて成功した．試験管の中での DNA の複製には，この酵素のほかに，複製の鋳型となる長いヌクレオチド鎖と，新しいヌクレオチド鎖づくりの出発点となるプライマー（種）が必要である．あとは，材料となる A, T, C, G の四種のヌクレオチドがあればよいが，このヌクレオチドは，それぞれ接着エネルギーとなるための高エネルギーリン酸結合をもったものでなければなら

ない．DNA ポリメラーゼは，A⋯T，G⋯C 対の原理に従って，鋳型となるヌクレオチド配列に合うようにヌクレオチドを選びつないでいく．また，この酵素は非常に有能で，単に A, G, C, T を選びだし，つないでいくだけでなく，選びだされたヌクレオチドが鋳型に本当に合っているかどうかをチェックし，もし誤っていたならばそれを取りはずし，正しいヌクレオチドと入れ替える作業もする．このチェック機能のおかげで，生物の子孫たちは親の遺伝情報をほとんど間違いなく受け取ることができるのである．

さらに，1958 年にはメセルソン（Meselson）とスタール（Stahl）によって，DNA の複製が"半保存的"に行われていることがみごとな実験によって証明された．それは，窒素原子の，原子量が 14 の通常のもの（^{14}N）と，それよりも重い原子量 15 のもの（^{15}N）をうまく使い分けたのである（図 7.2）．彼らは，大腸菌をまず ^{15}N だけの窒素源（$^{15}NH_4Cl$）

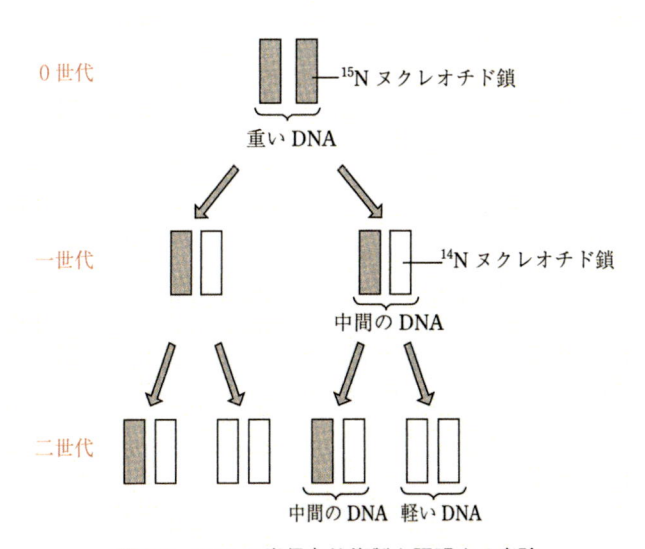

図 7.2　DNA の半保存的複製を証明する実験

として培養した．これで DNA 分子の中のすべての窒素は ^{15}N となり，重い DNA ができる．これを 0 世代として，次にこの大腸菌を，軽い ^{14}N 窒素源（$^{14}NH_4Cl$）の中で 1 回細胞分裂させる．すると，この一世代目の DNA の重さは，^{14}N だけからなる通常の軽い DNA と，^{15}N だけからなる重い DNA との中間型であった．これは，DNA をつくる二本鎖のうちの一方は ^{15}N で，他方は ^{14}N という，合いの子 DNA（$^{15}N - ^{14}N$）であるはずである．つづいて，この合いの子 DNA をもった大腸菌をもう 1 回，^{14}N

の中で細胞分裂させたならば，この二世代目にはDNAは軽いもの（$^{14}N-^{14}N$）と中間型のもの（$^{15}N-^{14}N$）の両方ができるに違いない．実験の結果は，まったくそのとおりであった．

これらはすべて試験管内で行われた実験であるが，細胞の中で起こっているDNAの複製は，さらに複雑であることがわかっている．

7.2　形質発現 —— タンパク質の合成

"生物のそれぞれ特有の形や性質"（遺伝形質）は，親から子へ，子から孫へと伝えられる．生物の体を形づくり，その機能を司っているのはタンパク質であることはすでに学んだ．すなわち，"生物のそれぞれ特有の形や形質"を決めているのはタンパク質である．DNAに書かれている遺伝情報に従って生物のそれぞれの形質を決めているタンパク質をつくることによって特有の形質をもった生物として存在しているのである．

では，遺伝情報はDNA中にどのように保存されているのであろうか．それは，DNA中のヌクレオチドの"並び方の順序"である．言い換えると，DNAにはヌクレオチドという文字で遺伝情報が書かれているといえる．

この遺伝情報に従ってどのようにしてタンパク質が合成されるのであろうか．その過程は図7.3に示すとおりである．核内に存在するDNAのもっている遺伝情報は，まずmRNAに写しとられ，このmRNAの情報に従ってリボソーム上でタンパク質が合成される．この過程を順を追って説明すると（図7.3，7.4），

（i）　まず，遺伝子が部分的（合成しようとするタンパク質の構造に関する情報をもっている部分）に開裂する．

（ii）　開裂した2本のヌクレオチド鎖のうち片方のヌクレオチド鎖に対応して，そのヌクレオチド配列に相補的な新しいヌクレオチド鎖が，遊離しているヌクレオチドを使ってつくられる．こうしてできた新しいヌクレオチド鎖を前駆体mRNAという．すなわち，DNAの片方の鎖のヌクレオチド配列がmRNAに写し取られたことになる．その写し取りには，DNAの二本鎖におけるA…T，G…Cの組合せと同じ原理が使われる．ただ，RNAではDNAのTに代わってUを含むから，A…U，G…C対となる．いま，DNAのどちらか一方のヌクレオチド鎖がA…T…A…G…C……の配列であるとすると，これから写し取られたmRNAはU…A

…U…C…G……となる．真核生物の前駆体 mRNA には，アミノ酸を指定しない介在配列（イントロン）が挿入されている．このイントロン部分は取り除かれ，必要な部分（エキソン）のみがつなぎあわされる．こ

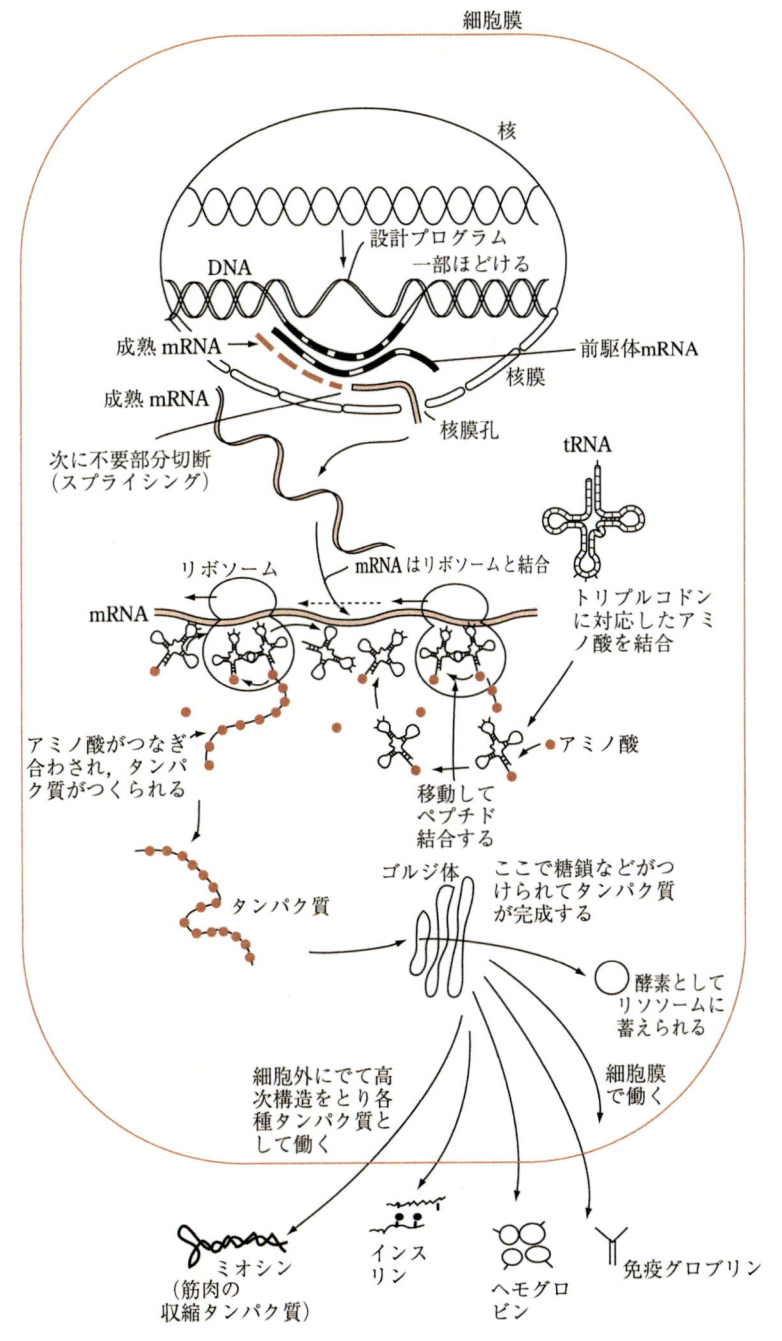

図 7.3 DNA の形質発現（タンパク質の合成）

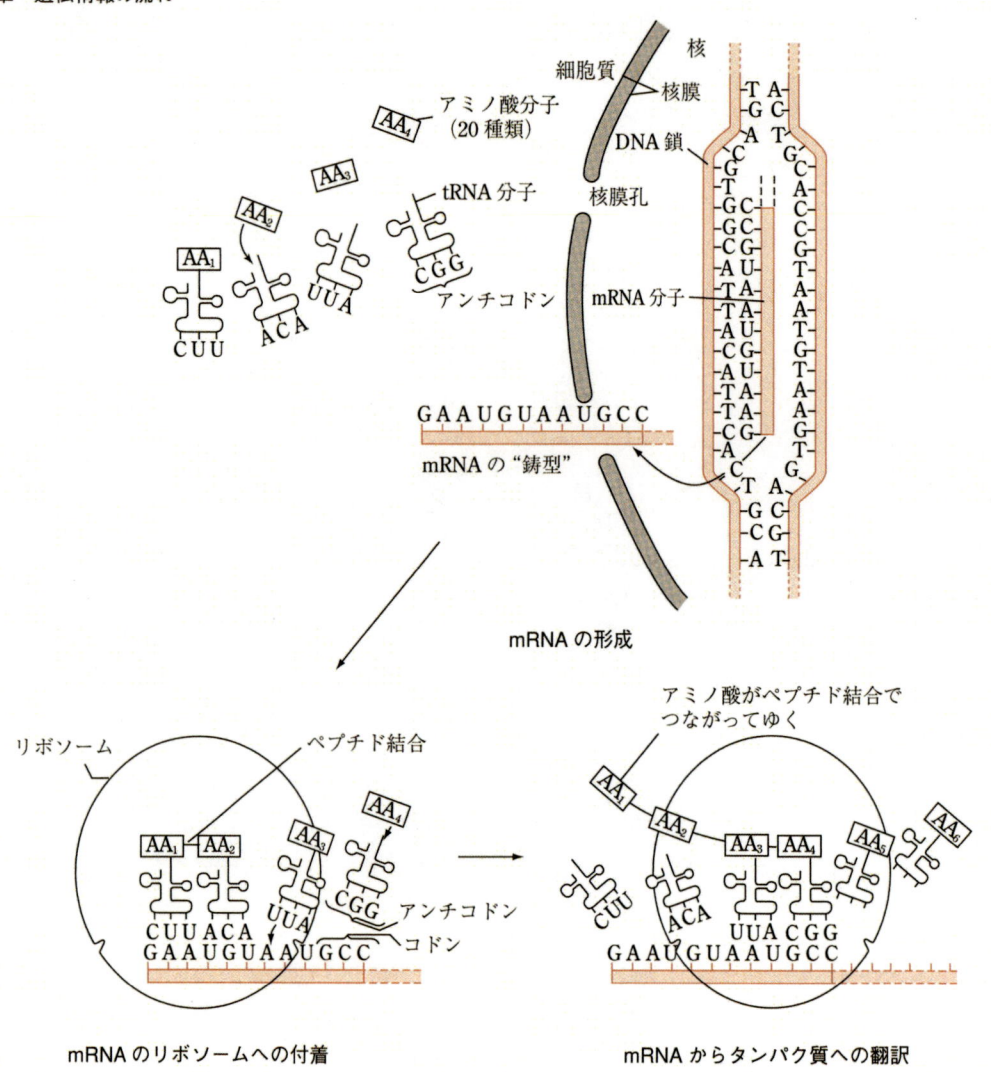

図 7.4　mRNA とタンパク質合成

の過程をスプライシングといい，エキソン部分のみからなる mRNA を成熟 mRNA という．この過程は転写とよばれ，RNA ポリメラーゼという酵素によって行われる．

　(iii) このようにしてつくられた mRNA（成熟）は，核膜孔からでて細胞質に入り，リボソームに結合する．

　(iv) 一方，細胞質ではアミノ酸と tRNA の結合が起こる．tRNA は 75〜85 個のヌクレオチドからなる小さな RNA で，クローバー葉の形をしている（図 7.5）．tRNA のアンチコドン（anticodon）が結合するアミノ酸を決定し，先端の…C…C…A の A のところにアミノ酸を結合する．

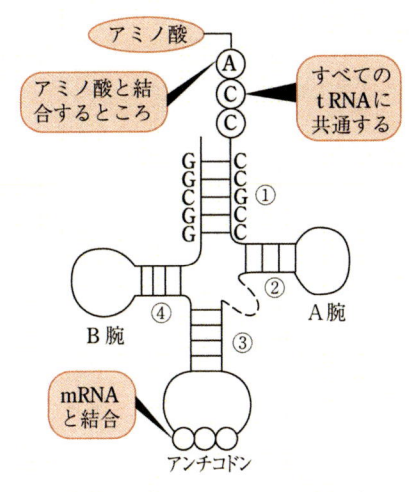

図 7.5　tRNA のクローバー葉モデル

（v）リボソーム上で mRNA のコドン（codon）に対応するアンチコドンをもった tRNA が結合し，tRNA が運んできたアミノ酸が順次ペプチド結合をしてゆく．このリボソーム上で mRNA のコドンに従ってタンパク質が合成される過程を翻訳という．

（vi）アミノ酸を結合させると，用の終わった tRNA は mRNA から離れて，ふたたびアミノ酸を捕えにゆく（tRNA は 10 回くらい使われる？）．

（vii）最後のアミノ酸が付加すると，完成したポリペプチド鎖が遊離し，同時に mRNA もリボソームから離れてゆく（mRNA もふたたび使われる．

（viii）合成されたタンパク質はリボソームから離れると，ただちにそれぞれ固有の立体構造を組みあげ必要な箇所に運ばれる．

このようにして，DNA 上にヌクレオチドという文字で書かれた遺伝情報が，mRNA, tRNA を介してタンパク質という形で発現されるのである．すなわち，遺伝情報を受け取った mRNA が tRNA と共同して，そのヌクレオチド配列をアミノ酸配列に並び替えるのである．この並び替えにはルールがあって，それに基づいて確実に DNA の遺伝情報を受け継いだタンパク質がつくられていく．そのルールとは，3 個のヌクレオチドが単位となって，そのヌクレオチドの並び方の順序が一つのアミノ酸を決めるというものである．そこで，3 個のヌクレオチドからなる単位をコドン（遺伝暗号）とよんでいる．

7.3 遺伝暗号（コドン）

遺伝暗号とは，ヌクレオチド文字で書かれた暗号文を誰にでもわかるアミノ酸文字に書き替える暗号解読に似ているのでそのよび名がつけられている．表7.1はその遺伝暗号表（コドン表）である．

それぞれのコドンは，どのようにして対応するアミノ酸を見分けているのだろうか．その役目はtRNAが受けもっている．tRNA分子には，コドンを読み取る部位と，そのコドンに合ったアミノ酸を結合する部位の二つの部位がある（図7.5）．このコドンを読み取る部位は，コドンと同じく3個のヌクレオチドから成っていて，A…U，G…C対の原理によって，間違いなく相手のコドンにスイッチするようになっている．tRNA側のこの部位をアンチコドン（antiとは，"相対する"の意）とよばれるのはそのためである．このことからもわかるように細胞の中には少なくともアミノ酸の種類に相当するtRNAが含まれるはずである．実際には

表7.1 コドン（遺伝暗号）の解読表

1 ↓	2				3 ↓
	U	C	A	G	
U	UUU, UUC ﹜フェニルアラニン UUA, UUG ﹜ロイシン	UCU, UCC, UCA, UCG ﹜セリン	UAU, UAC ﹜チロシン UAA ナンセンス[b]（→×） UAG ナンセンス[b]（→×）	UGU, UGC ﹜システイン UGA ナンセンス[b]（→×） UGG トリプトファン	U C A G
C	CUU, CUC, CUA, CUG ﹜ロイシン	CCU, CCC, CCA, CCG ﹜プロリン	CAU, CAC ﹜ヒスチジン CAA, CAG ﹜グルタミン	CGU, CGC, CGA, CGG ﹜アルギニン	U C A G
A	AUU, AUC, AUA ﹜イソロイシン AUG メチオニン[a]（●→）	ACU, ACC, ACA, ACG ﹜トレオニン	AAU, AAC ﹜アスパラギン AAA, AAG ﹜リジン	AGU, AGC ﹜セリン AGA, AGG ﹜アルギニン	U C A G
G	GUU, GUC, GUA, GUG ﹜バリン	GCU, GCC, GCA, GCG ﹜アラニン	GAU, GAC ﹜アスパラギン酸 GAA, GAG ﹜グルタミン酸	GGU, GGC, GGA, GGG ﹜グリシン	U C A G

a) AUGはタンパク質合成の開始点（●→），
b) ナンセンスコドンはタンパク質合成の終結点（→×）．

もっと多く，原核細胞では40〜60種，真核細胞では100〜120種のtRNAが見つかっている．

表7.1の中で，UAA，UAG，UGAの3コドンには対応するアミノ酸がない．これらは，"意味のないコドン"ということからナンセンスコドンとよばれているが，実際にはタンパク質合成の終りを教える大切な役目をしている．

7.4 遺伝子の形質発現の調節

それぞれの生物の形質を発現するために，遺伝情報に従ってタンパク質がつくられるが，そのタンパク質合成は必要なときに必要な量だけが合成されるように調節されている．たとえば，インスリンは膵臓の細胞だけがつくり，ほかの細胞は，おなじ遺伝子セットをもっているにもかかわらずインスリンをつくらない．また，膵臓の細胞では，必要なときに必要な量だけのインスリンが合成されている．このような遺伝子情報の発現の調節は，DNAからmRNAができるステップを調節する転写調節，できたmRNAのどれを細胞質にだすかの調節，そしてmRNAからタンパク質ができる段階を調節する翻訳調節がある．いずれの生物でも

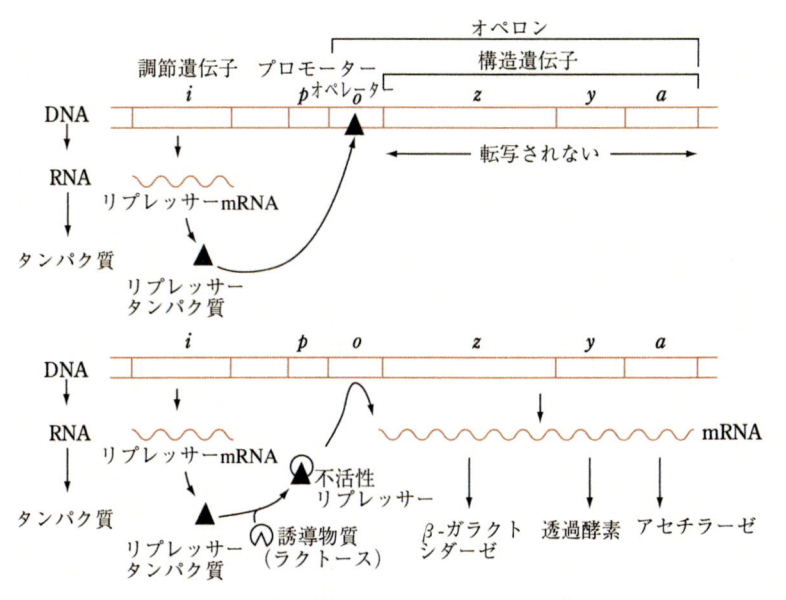

図7.6 遺伝子の転写調節（オペロン説）
i遺伝子産物は誘導物質がないときには，オペレーター部位に結合することによって，構造遺伝子の転写を抑制している．誘導物質の存在によって不活性なリプレッサー複合体ができ，そのために構造遺伝子の転写が進行する．

F. Jacob（1920〜），仏の分子遺伝学者，1965年ノーベル医学生理学賞を受賞．
© The Nobel Foundation

J. L. Monod（1910～1976），仏の分子生物学者，1965年ノーベル医学生理学賞を受賞．
Ⓒ The Nobel Foundation

A. M. Lwoff（1902～1994），仏の微生物学者，1965年ノーベル医学生理学賞を受賞．
Ⓒ The Nobel Foundation

おもに転写の段階で行われていると考えられている．転写調節に関しては，1961年にジャコブ（Jacob），モノー（Monod），ルウォッフ（Lwoff）によって発表されたオペロン説（図7.6）が有名である．その内容は次のとおりである．

　大腸菌は，通常エネルギー源としてブドウ糖を利用するが，乳糖を含む培地に移すと乳糖を分解する酵素（β-ガラクトシダーゼ）など一群の酵素の合成が促進され，乳糖を利用できるようになる．乳糖がなくなると，これらの酵素がほとんどなくなってしまう．これは乳糖が存在するときだけ，これらの酵素をコードする遺伝子が盛んに発現するためである．タンパク質をコードする遺伝子を構造遺伝子という．生体内で互いに関連した目的のために働く構造遺伝子は，DNA上にまとまって存在することが多く，1本のmRNAをつくるようになっている．構造遺伝子群の前にはオペレーターという遺伝子（作動遺伝子）があり，一連の構造遺伝子の発現を制御している．このような一連の構造遺伝子群とオペレーターを合わせてオペロンという．オペロンとは別に調節遺伝子がある．この遺伝子はリプレッサー（抑制物質）をコードしている．リプレッサーがオペレーターに結合すると，RNAポリメラーゼはプロモーターに結合できないのでオペロンの構造遺伝子群は転写されない．大腸菌が乳糖を含む培地に移されると，乳糖がリプレッサーに結合し，リプレッサーはオペレーターより離れる．その結果，構造遺伝子群の転写が開始され，酵素の合成が誘導される．このような酵素合成調節のしくみは，1966年にリプレッサーが単離されることによって証明された．

7.5　DNAの損傷と修復

　遺伝情報は親から子へ，細胞から細胞へと正確に伝えられるもので，途中で変異があったり，間違った情報が伝えられたりすると生命活動そのものに異常をきたし，ときには死に至ることもある．DNAは本来化学的には安定な物質である．しかし，非常に長い分子であるので，そのどこかに異常を生じる可能性はかなり大きいといえる．たとえば，膨大な遺伝情報を複製する間に間違いが生じることもある．また，環境中にもDNAを傷つける要因は多くあり，紫外線，放射線，ある種の化学物質などによってDNAはつねに損傷を受けているものと考えられる．しかし，幸いにも細胞は，これらの損傷をある程度修復する能力を備えている．ではDNAはどのような損傷を受け，どのように修復しているの

であろうか.

7.5.1 DNA の損傷

DNA の損傷とは,それによって通常の二重らせん構造からずれの起こるようなあらゆる変化をいう(図7.7).紫外線は,約 400 nm 以下の短波長の光線をいう.太陽光線には 300〜400 nm の紫外線が含まれている.また,水銀殺菌灯は,おもに 254 nm の紫外線をだす.DNA 鎖中の塩基,とくにピリミジン塩基(シトシンまたはチミン)は 260 nm 付近の紫外線をよく吸収し,そのエネルギーによって分子が破壊される.その結果,同一のポリヌクレオチド鎖上にある隣り合う 2 個のピリミジン塩基が共有結合し,二量体(ダイマー)をつくってしまう.放射線は,DNA 鎖の切断(一本鎖だけのときと二本鎖ともに切断するときがある),塩基の変化や欠失,分子間および分子内の架橋,二重鎖の開裂など大きな損傷を与える*.ジメチル硫酸,ヨウ化メチル,メチルニトロソウレアは,DNA の塩基をメチル化する薬品である.また亜硫酸ガス,SO_2 は,シトシンを脱アミノ化してウラシルに変えてしまう.第一次世界大戦で使用されたマスタードガスという毒ガスやがんの治療に用いるマイトマイシン C は,DNA の 2 本の鎖の間に入り,両鎖のグアニン間に架橋をつくる.また皮膚病の治療に用いるソラレン化合物は,チミン間に架橋をつくる.ベンゾピレンは,タバコの煙や自動車の排ガスに含まれる強力な発がん物質である.この物質は生体内に入ると酵素の作用(酸化)を受けて構造がかわり,DNA の塩基と反応するようになる.4-NQO(4-ニトロキノリン-N-オキシド)も同様に生体内で活性化(還

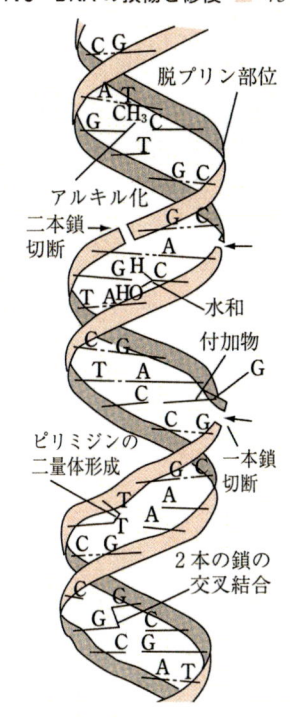

図 7.7 種々の要因による遺伝子の構造変化

---

* DNA に損傷を与える化学物質

マスタードガス　マイトマイシン C　8-メトキシソラレン

ベンゾ[a]ピレン(BP)　4-ニトロキノリン-N-オキシド(4-NQO)

元）されてDNA塩基と結合するようになる．

7.5.2　DNAの傷の修復
（1）光回復

紫外線により受けたDNAの損傷は可視光線によって修復される．1949年，ケルナー（Kelner）は，紫外線を放射した放線菌をシャーレに播き，しばらく窓ぎわに置いてから培養器に入れると，死ぬはずの菌が生き返りコロニーをつくることに気づいた（図7.8）．この事実は，紫

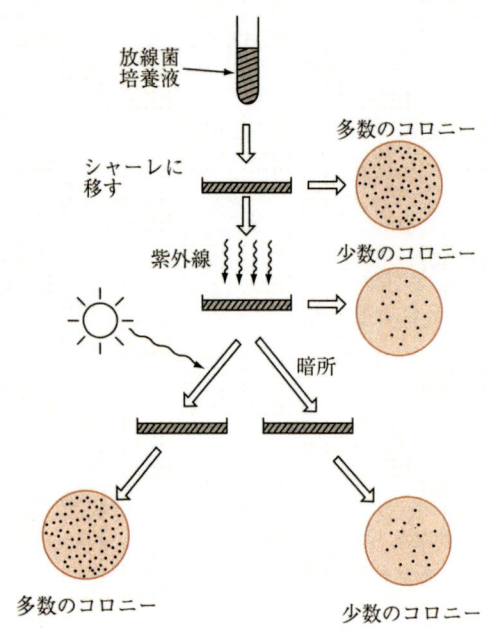

図7.8　光回復
紫外線照射で死んだバクテリアが太陽光によって生き返る．

外線によるDNAの傷が光（可視光）によって回復することを示していた．ずっと後になってこの過程に関与する酵素が純粋に分離され，光回復酵素と名づけられた．そして，セトロウ（Setlow）らによって，紫外線によってできたピリミジン二量体が光があるときに限ってこの酵素によって単体にもどることが明らかにされた．

（2）除去修復

DNAの構造に大きなひずみをもたらすような損傷は，そのひずみの部分を除去することによって修復される．大腸菌ではその鍵となる特異

的な酵素（ヌクレアーゼ）が見いだされている．この酵素は，DNAの構造上のひずみを認識し，その損傷（ひずみ）部分を除去する．そのあとには，DNAポリメラーゼやDNAリガーゼの働きによって正常なヌクレオチドが埋められ修復が終了する（図7.9）．

DNAの傷

特異的なヌクレアーゼによって，傷ついた部分が切断される．

DNAポリメラーゼ，DNAリガーゼがそのあとを埋めて修復する．

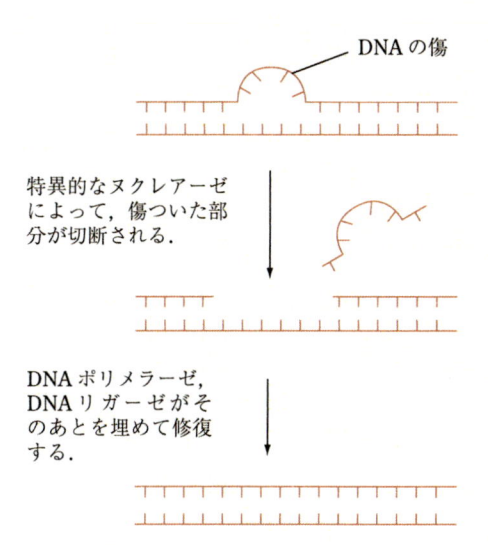

図7.9　除去修復

コラム　紫外線と皮膚がん

　地球大気の成層圏（地球上約10～50 kmの層）には，オゾン（O_3）が比較的多いオゾン層があり，生物にとって有害な紫外線を吸収して地表面に届かないようにしている．ところが，近年，南極上空やオーストラリア上空でオゾンホールとよばれるオゾン層の希薄な部分ができ，そこから強い紫外線が地球表面に降りそそぐようになった．しかも，オゾンホールはしだいに広がり，最近は北極上空にも観察されるようになった．オゾンホールの原因は，電気冷蔵庫の冷媒やスプレーなどに使われているフロンガスが上空で紫外線によって分解され，生じた塩素によってオゾンが分解されるからである．

　いま地球上では，オゾンホールから降りそそぐ強い紫外線によって引き起こされる皮膚がんの脅威にさらされている．とくに強い紫外線にさらされている高地や低緯度の住人に多発している．強い紫外線によってDNAの傷が多発し，修復されないことががん化の引き金になる．また，オゾン層により吸収された紫外線は最終的には熱エネルギーに変換され，成層圏の温度を一定に保つ働きがある．したがって，オゾン層の破壊は成層圏の温度を低下させ地球表面の気候に大きな変動を与えることになり，地球環境に与える影響は深刻である．オーストラリアなどでは，その日その日の紫外線情報がだされ，紫外線の強いときには外出をひかえるようによびかけているほどである．

（3）組換えによる修復

　DNAは二重鎖なので片側に変異が起こっても反対鎖の情報をもとに修復することができる．しかし，二本鎖の両方に変異が起きていたり，両方が欠失していたりすると相補鎖の情報を用いることができない．このようなときも，真核細胞の体細胞は二倍体なので片方の染色体のDNAに異常があっても，もう一方の染色体に保存されている正しい情報をもとに修復することができる．まず，損傷を受けた塩基周辺のDNA二本鎖と，それと相同部分の損傷を受けていないDNAの二本鎖をそれぞれ一本鎖に分離する．次に相手方の鎖と二重らせんを再構成させる．こうしてできた二本鎖の片方は損傷を受けていないことになるので，その情報を用いて修復することができる．このような修復機構を組換え修復という．

　このようなさまざまな修復機構があるにもかかわらず，DNAは多くの変異を受け，その変異が生物の生存にとって必要不可欠な箇所でなければ，その変異がそのまま子孫に受け継がれる．生物進化の根底にはこのような遺伝子の変異があるのである．

章末問題

問題1 150個のアミノ酸からなるポリペプチドに対する遺伝情報をもつ遺伝子の長さを計算せよ．ただし，DNAの長さは二重らせん一巻き当たり34Å（3.4×10^{-7}cm）で，その中に10塩基対で含まれるものとする（図2.15参照）．

問題2 ヒトの体は200種以上の異なった形や働きをもった細胞が集まってできている．しかし，これらの細胞は，基本的にはどの細胞もすべて同じ遺伝子をもっている．では，細胞の形や働きの違いはどうしてできるのか．考察せよ．

8 生命の連続性——発生と分化(1)
細胞の増殖

　生物は本来，その生命を絶やすことなく永久に連続させるようなしくみをもっている．単細胞生物は，細胞分裂によって次代の個体を生み，多細胞生物は，生殖細胞をとおして次代の個体を生む．多細胞生物の1個体の出発点となるのは，受精卵か胞子である．受精卵（または胞子）は，細胞分裂を繰り返しながら，それぞれの細胞が分化してそれぞれの機能をもった組織や器官をつくり新しい個体が形成される．成体となってからも老化した細胞を補給するために細胞分裂が続けられる．このように生物においては，細胞分裂が生殖や成長の基礎となっているのである．そして，細胞が盛んに増殖するとき，細胞は周期的に分裂する．

8.1　細胞周期

　細胞が分裂してから次に分裂するまでの過程には，細胞内には一連の生理過程がある．この一巡する生理過程を細胞周期（細胞分裂周期）という．この細胞周期をDNAの複製と分配に注目して区分すると，次の四段階に分けることができる（図8.1）．まず第一段階は，DNA複製のための準備をする期間でG_1期とよばれる．第二段階は，準備が終わってDNAが複製される期間でS期とよばれる．第三段階は，複製の終わったDNAを二つの細胞に分配するため準備する期間でG_2期という．最後の第四段階は，細胞を二分して複製したDNAをそれぞれの娘細胞に分配する，いわゆる細胞分裂期でM期とよばれる．

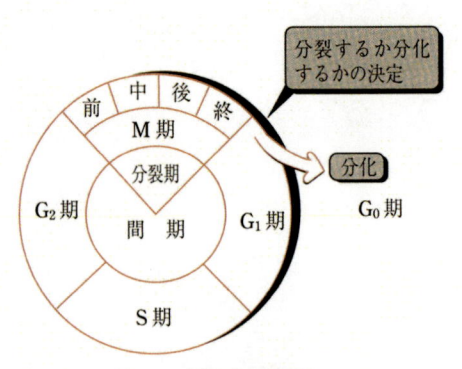

図8.1 細胞分裂周期

G_1期：DNA合成前期，S期：DNA合成期，G_2期：DNA合成後期，M期：分裂期，G_0期：分裂の一時停止または分化．

いま盛んに分裂しつつある真核細胞を，光学顕微鏡で観察していると，見かけ上なんの変化も現れない長い期間（これを間期という）があり，それが過ぎると核分裂が始まる．そして，これにつづいて細胞質分裂が起こる．ここで，核分裂と細胞質分裂が進んでいる期間はM期に相当し，G_1-S-G_2の3期は間期にあたる．間期は，顕微鏡下ではなんの変化も現れないが，細胞内では実は非常に活発にDNA合成やそのほかの代謝が行われている．一方，分裂期（M期）は顕微鏡下では大きな変化が見られるが，すでにDNA合成は終わっており，そのほかの細胞内の代謝も一番低い時期である．細胞分裂周期の時間は生物の種類や細胞の種類によって異なっている（表8.1）．

表8.1 細胞分裂周期の時間

	細	胞	間		期	分裂期
			G_1	S	G_2	M
動物体内	ハツカネズミ	小腸柔毛部基部の上皮	9.5時間	7.5時間	1.5時間	
	〃	皮膚の表皮	22日以上	30 〃	6.5 〃	3.8時間
	〃	腹水がん	3時間	8.4 〃	1.5 〃	5.1 〃
培養細胞内	ヒ　　ト	骨髄細胞	24時間	12時間	4時間	
	〃	末梢血の白血球	24 〃	12 〃	6 〃	
	〃	がん細胞（HeLa細胞）	14 〃	5〜6 〃	2〜8 〃	
植物体内	マ　　メ	根端	9〜12時間	6〜8時間	4〜8時間	
	ムラサキツユクサ	根	4 〃	4 〃	2.7 〃	2.5時間

8.2 染色体

細胞分裂にとって重要な働きをするのが染色体（chromosome）である．真核生物においてDNAは，核膜によって区切られた核内に存在し，通常は分散した状態で存在しており（この状態のときのDNAはクロマチンまたは染色質，核質とよばれる），有糸分裂時に凝縮して複数の染色体としてその形を表す．一般に，染色体は細胞分裂周期の中期の染色体を基盤にして理解されている．染色体の数は，生物の種類によって異なるが，多くの生物は2倍体（$2n$）である．たとえば，ヒトの場合は$2n$は46本であり，44本の常染色体（相同染色体）と2本の性染色体とから成っている（図8.2）．二組の染色体の片方は父方に，他方は母方に由来して

いろいろな生物の染色体数

植物	
ホウレンソウ	12
大根	18
イネ	24
ジャガイモ	48
オクラ	124
動物	
キイロショウジョウバエ	8
ミツバチ	16
ネコ	38
オラウータン	44
ゴリラ	48
イヌ	78
アメリカザリガニ	200

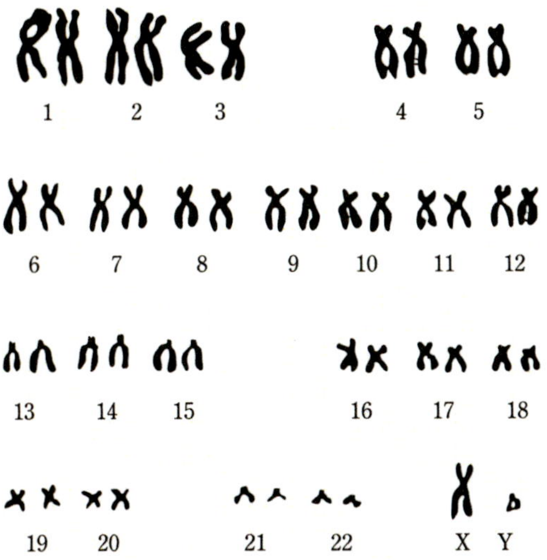

図8.2　ヒト（男性）の染色体
22対（44本）の常染色体と一対（2本）の性染色体がある．

いる．二倍体生物の生殖細胞はもちろん一倍体（n）であり，nより小さくなると生存できなくなる．このように生物が生存するうえで必要な最小単位の染色体組をゲノム（genome）という．染色体には動原体（centromere）とよばれる細い部分があり（p.81 脚注参照），その位置によって染色体の形が決まる．

8.3 細胞分裂

真核生物の細胞では核の分裂から始まり細胞質の分裂で終わる．この分裂では核膜が消失した後，糸状の染色糸が凝縮した染色体や紡錘体と

よばれる糸状構造が現れるため有糸分裂（mitosis）とよばれている．生体を構成している細胞は，ごく一部の細胞を除いて，ほとんどの細胞が分裂によって増える．しかし，分裂の方法には二種類あり，一般の細胞に見られる体細胞分裂と生殖細胞においてみられる減数分裂（生殖細胞分裂）がある（図8.3）．

8.3.1 体細胞分裂

生物の体をつくっている細胞の分裂で，DNA（染色体）の複製の後，核および細胞質分裂が起きる．その結果，1個の親細胞からまったく同じ遺伝子をもった2個の娘細胞を生じる．分裂の過程は前期，中期，後

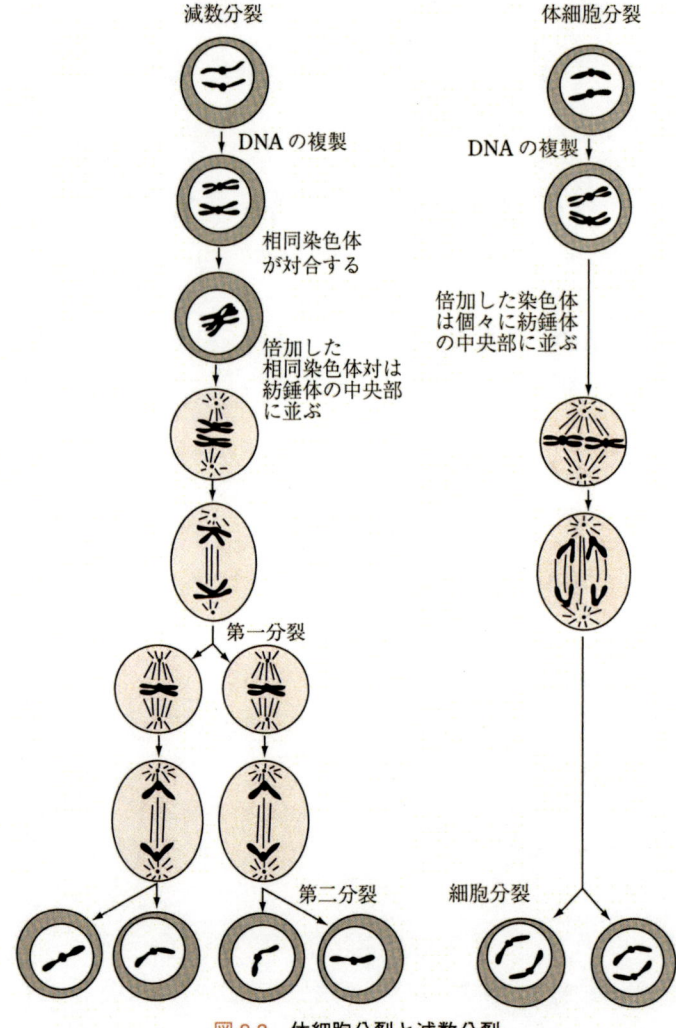

図8.3 体細胞分裂と減数分裂

期，終期に分けられる．分裂期に入ると細胞は球形化し染色糸は回転しながら凝縮して染色体となる．この染色体は，縦裂して一対の染色分体が形成される．中心小体が二つに分かれて両極へ移動し，その周囲に星

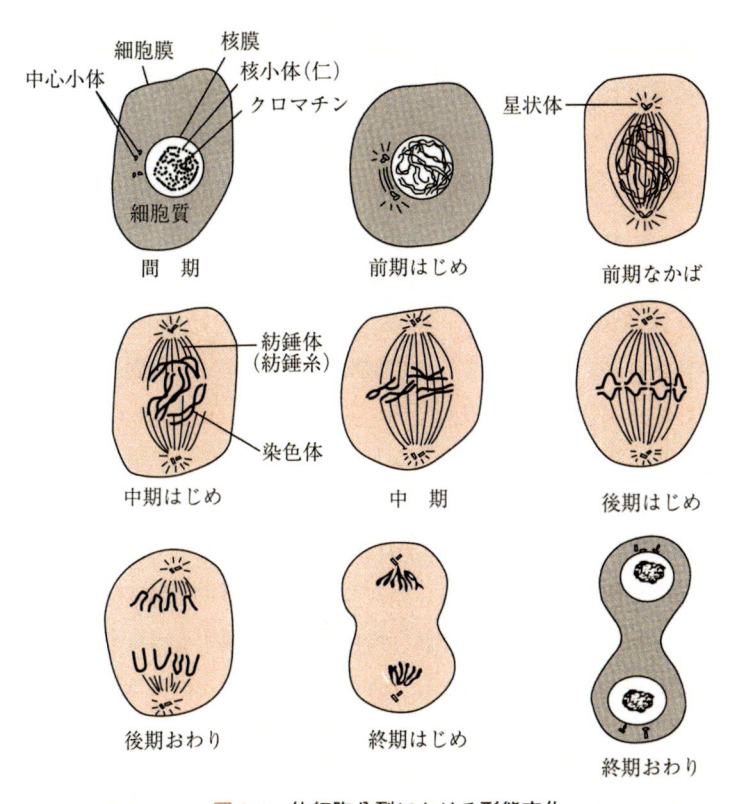

図 8.4 体細胞分裂における形態変化

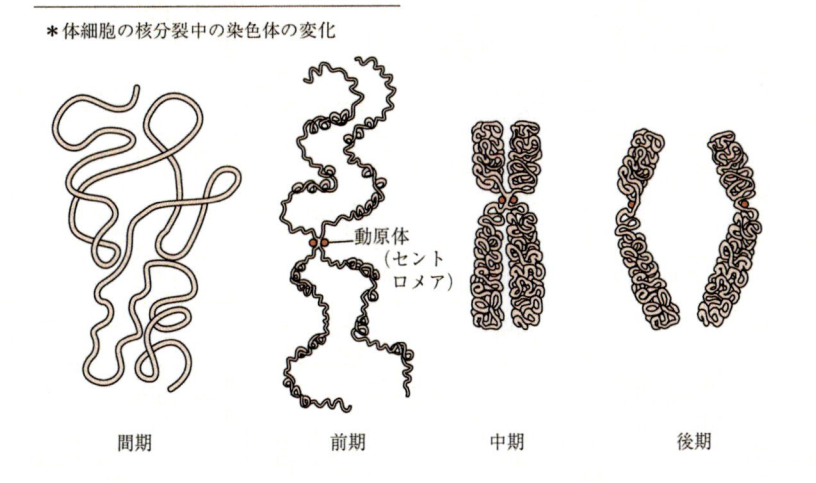

＊体細胞の核分裂中の染色体の変化

間期　　前期　　中期　　後期

状体が放射状に形成され，両者の間に紡錘体が現れる．また，前期には核小体が消失し，紡錘体の形成が起こる．中期には核膜が消失し染色分体は動原体部分で結合しているが紡錘体の中央部に一列に配列する．後期になると動原体は二つに分離し，染色体も分離して両極に移動する．この移動は紡錘体を形成している微小管によってなされる．終期に入ると両極に運ばれてきた染色体は，次第に膨潤してふたたび染色糸の状態になる．核膜，核小体が形成され，紡錘体，星状体は消失し，新しい核が形成される．娘細胞が細胞膜によって区切られ二つに分裂する（図8.4）．

8.3.2 減数分裂

減数分裂とは，有性生殖を行う生物が卵や精子などの配偶子を形成するときに起きる特殊な型の有糸分裂であり，DNA（染色体）の複製1回と核の分裂（細胞分裂）2回からなり，その結果1個の二倍体の細胞から4個の一倍体細胞が形成される（図8.3）．

多くの場合，第一回目の分裂で染色体数が半減し，第二回目の分裂は体細胞分裂と同じ経過をたどる．しかし中には，第一回目は体細胞分裂と同じに行われ，第二回目の分裂で染色体数が半減する場合もある．

減数分裂は生物が有性生殖を行うようになってから出現した分裂様式であるが，この分裂によって染色体，すなわち遺伝子の組換えが高頻度で起き，それが生物の進化に大きな役割を果たしてきたといえる．

章末問題

問題1 細胞周期と各周期における核内DNAの量をグラフで表せ．
問題2 細胞分裂は，まず核が分裂し引き続いて細胞質が分裂する．動物細胞と植物細胞では細胞質の分裂の仕方が異なっている．どのように異なっているかを調べよ．
問題3 減数分裂は生物の進化に大きな役割を果たしたといわれている．その理由を考察せよ．

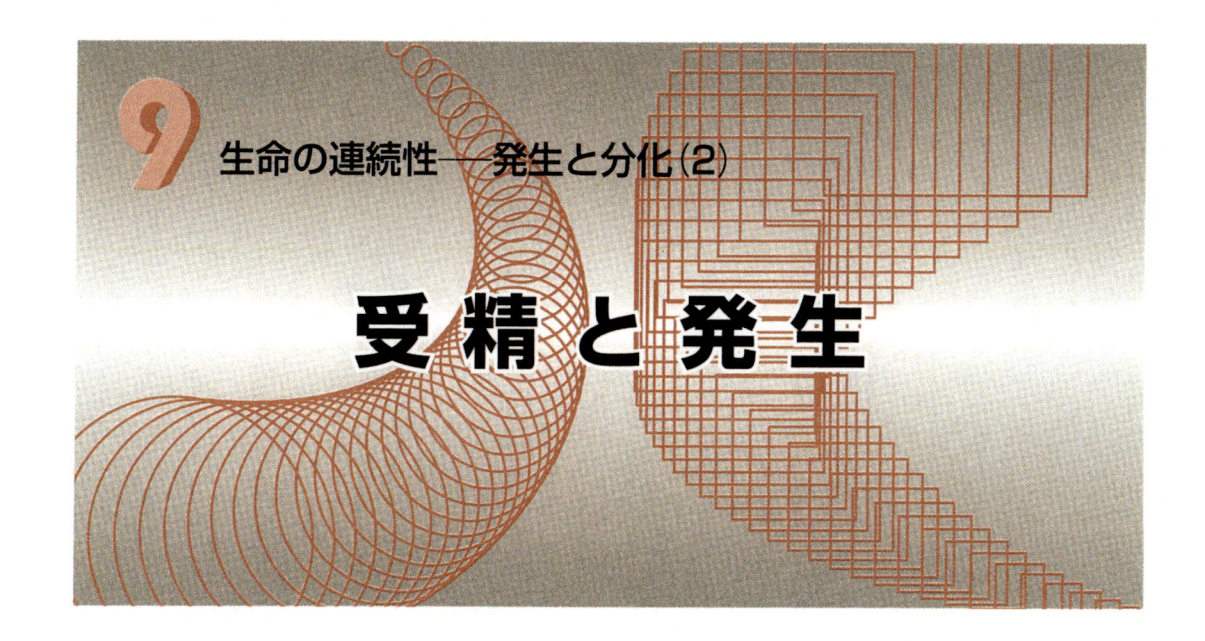

9 生命の連続性——発生と分化(2)
受精と発生

　1個の個体ができる最初の段階は，卵と精子の受精である．減数分裂によって生じた一倍体（n）の卵と一倍体（n）の精子が受精して二倍体（$2n$）の受精卵ができる．この1個の受精卵が分裂増殖しながら発生のプログラムに従って分化し成体が形成される．1個の受精卵から成体が形成されていく過程を発生という．ヒトの場合，約10か月の間に，たった一つの受精卵から約3 kgの胎児が形成される．このような急速な細胞増殖は発生の過程にのみ見られる特徴である．発生の場合の細胞増殖では，受精卵が遺伝子としてもっている情報の発現が完全に制御されており，組織発生，器官発生，機能的分化が順序よく起きる．

　本章では，生殖細胞の形成，受精，初期発生について述べる．

9.1 卵子の形成

　卵は卵巣内でつくられる．卵がつくられる過程を卵形成という．卵はほかの細胞に比べて非常に大きく，生物の細胞中最も大きい．ヒトやウニの卵は，$60 \sim 150\,\mu\mathrm{m}$，カエルや魚では$1 \sim 2$ mmさらに鳥や爬虫類では数センチにもおよぶ．このように卵が大きいのは栄養分を蓄え，急速な細胞分裂に備えるためである．卵細胞は，ほかの細胞と異なり，細胞膜のすぐ内側に表層顆粒とよばれる多くの顆粒をもっており，この中には受精のときに大切な働きをする酵素が入っている．また，細胞膜の外側には卵黄膜，さらにその外側にゼリー層とよばれる卵外層をもって

第9章 受精と発生

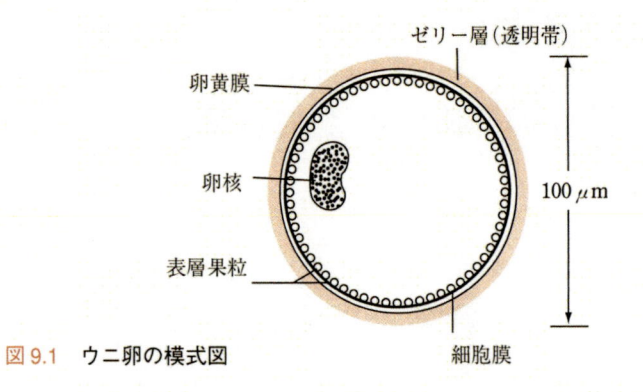

図9.1 ウニ卵の模式図

いる（図9.1）.

卵形成は，減数分裂によって行われる．ヒトの女性の場合，胎生6週頃までに1700個の始原生殖細胞が将来卵巣になる隆起に移動し，数か月間体細胞分裂を続け，胎生5か月頃には700万個の卵原細胞に増殖する．その後卵原細胞は減数分裂の第一分裂を開始し，一次卵母細胞（$2n$）となる．哺乳類では，一次卵母細胞は非常に早い時期に形成され，個体が性的に成熟するまで第一分裂の前期で停止している．個体が成熟した時点で，少数の細胞がホルモンの影響下で周期的に成熟し，第一分裂を完

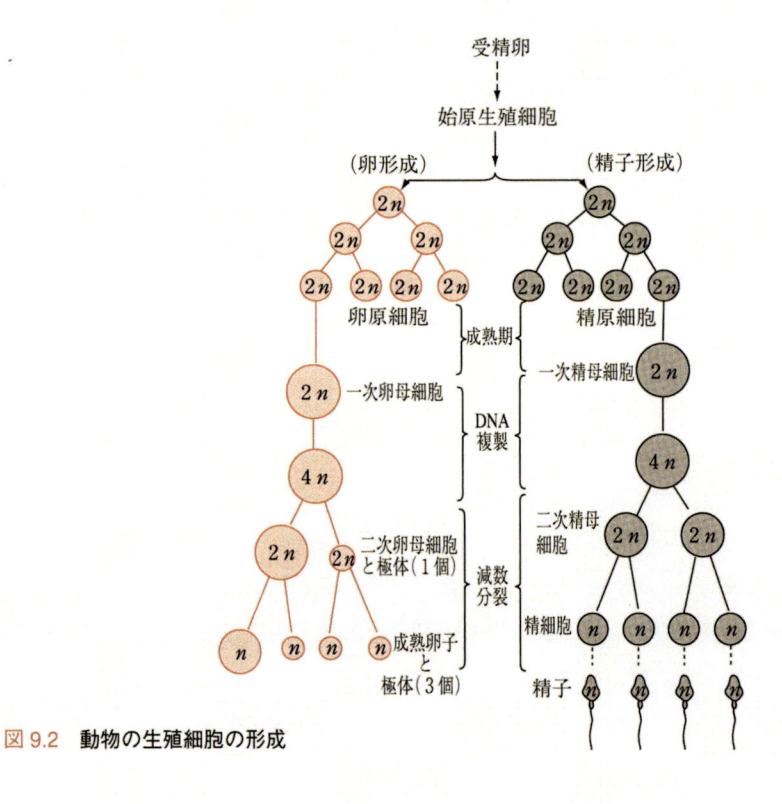

図9.2 動物の生殖細胞の形成

了して二次卵母細胞となり，第二分裂を終えて，成熟卵になる．卵形成における減数分裂は2回とも著しい不等分裂で，卵母細胞から生じる娘細胞のうち，1個だけが多量の細胞質を含んだ大きな細胞すなわち卵になり，ほかは細胞質のきわめて少ない小さな細胞となる．この小さい細胞は極体とよばれいずれ退化してしまう．卵形成はこのように2回の分裂が引き続いて起きるが，重要なことは1個の卵母細胞から1個の卵子しかできないことである．すなわち，一つの卵子という細胞になるべく多くの物質を蓄積するために，2回の分裂は不均等に行われ，卵子以外の細胞を極体として廃棄するのである（図9.2）.

9.2 精子の形成

精子は精巣内でつくられる．精子がつくられる過程は精子形成といわれる．精子は卵とは逆に生物の細胞中最も小さい．精子の役割は，卵に一倍体の遺伝子を渡し，発生のプログラムを活性化することである．精子は，卵に渡すDNA（核）をもつ頭部と，卵に近づくための鞭毛（尾部）とそれを動かすエネルギーを産生するためのミトコンドリアが存在する中間部とで構成されている（図9.3）.

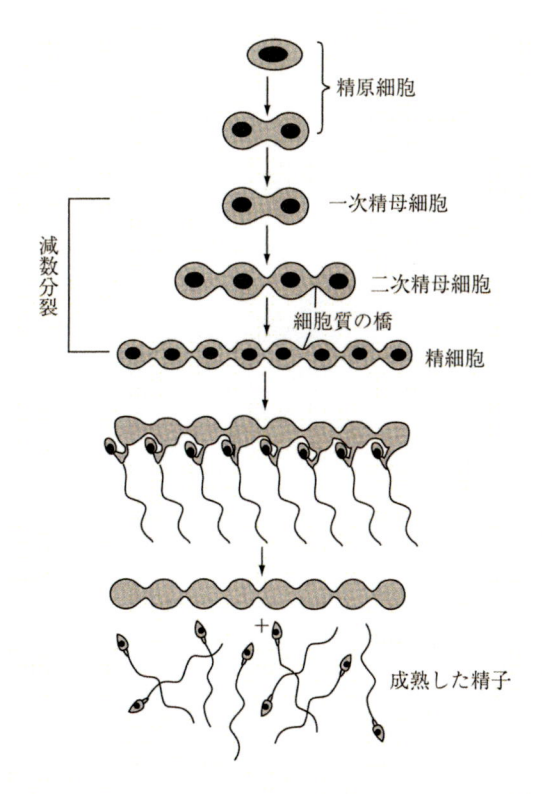

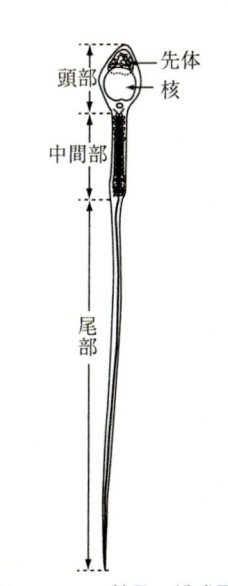

図9.3　ヒト精子の模式図
精子は一般に短命で，ヒトの精子の場合は3〜4日である．

図9.4　精子形成過程の形態変化

精子形成は卵形成と同様に減数分裂によって行われるが，分裂の時期は異なっている．ヒトの卵では多数の始原生殖細胞が卵巣内で増殖するが，個体が性的に成熟するまでに数が減少し，減数分裂完了時に成熟卵になるものは一定期間（片側の卵巣で平均56日）に1個だけである．

それに対して精子形成は，性的成熟期に達してはじめて分裂が開始され，精巣内で連続的に形成される．精巣にある始原生殖細胞($2n$)は，体細胞分裂を繰り返して多数の精原細胞（$2n$）になる．精原細胞は発情期になると成長して一次精母細胞（$2n$）になり，ついで減数分裂を行って4個の精細胞（n）になる．この精細胞が形態的変化を経て成熟した精子（n）となる．この精子形成過程で特徴的なのは，精原細胞の有糸分裂，引き続き起こる減数分裂のいずれでも細胞質が分裂しない（シンシチウム，合胞体とよばれる）ことである（図9.4）．これは非常に大切なことで，精子は卵子と異なり，減数分裂をして一倍体になってから分化して精子になる．しかし，細胞質がつながっているため二倍体のときに産生された物質全部を受け入れることができる．シンシチウムという形をとらない場合，一倍体の精子が劣性遺伝子をもつ場合，優性遺伝子がつくりだす機能をもった物質がないために死んでしまうことになる．また，性染色体のうちX染色体には，Y染色体にはない多くの不可欠の遺伝子があるので，Y染色体をもった精子は生き残ることができず，この世に男性が存在しないことになってしまう．

9.3 受　精

精子と卵子はそれぞれ放出されると互いに相手を見つけて融合し，受精を完了する．二つの細胞はほかの細胞とは決して融合しない．ヒトでは1ml当たり約1億個の精子が存在し，その多くの精子が遊泳運動によって1個の卵に接近するが，卵核と融合するのは1個の精子に限られている．精子は，先体から透明帯を通過するための酵素を分泌して進み，卵に到着するとまず先体膜と卵の細胞膜が融合する．ついで精子の核が卵に入る．30分以内に精子の核と卵の核は融合し，二倍体の核が形成される（図9.5）．卵の表面に精子が結合すると卵の代謝機能が活発になり，DNA合成と卵割とよばれる細胞分裂が始まる．この受精の過程で興味深いことは，多くの精子が集まっているにもかかわらず卵は1個の精子とだけ受精をすること，また種の異なる生物の精子とは受精しないことである．

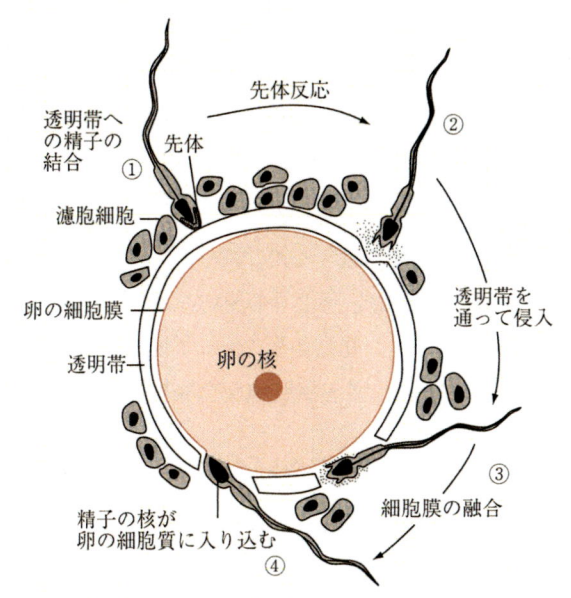

図 9.5 哺乳類の精子と卵の受精の際に起こる先体反応の模式図

卵は1個の精子を受精すると，ただちに余計な精子の侵入を阻止する．2個以上の精子が侵入すると，多精とよばれる状態になり，発生が停止してしまうからである．ウニ卵の実験によれば受精後，まずNa^+の細胞内への流入とH^+の流出，さらにCa^{2+}の細胞質内への遊離放出が起き，pHが上昇する．それによって卵の外側の表層に変化が起き，精子の侵入が妨げられる．また，1個の精子の核が卵内に侵入すると，卵の表

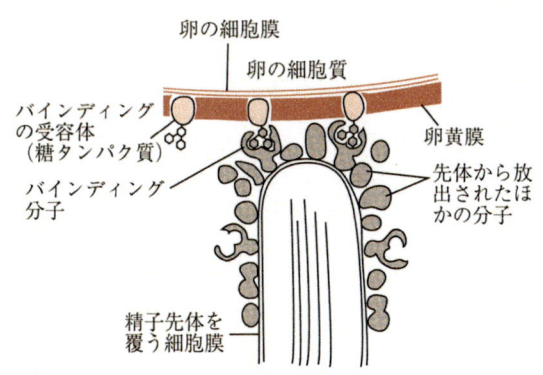

図 9.6 ウニの精子の先体と卵の表面にあるバインディング分子とバインディング分子受容体の模式図

精子のバインディング分子と卵のバインディング分子受容体は，同種の生物のものどうしでないと結合しない（他精に対する障壁機構）．

層顆粒の内容物が分泌され，その働きで卵黄膜が厚く固い膜（受精膜）になって精子の侵入を防ぐ（多精に対する障壁機構）．

また，卵の細胞膜の外側にある卵黄膜には精子と結合するための受容体（バインディング分子受容体：糖タンパク質）があり，これと精子の先体突起にある分子（バインディング分子：タンパク質）が結合することによって卵と精子の融合が起きる．このバインディング分子とバインディング分子受容体の結合は，同じ種の生物の間でしか起こらない．このような種特異的なタンパク質の存在によって他種生物の精子と卵の受精を防いでいる（他精に対する障壁機構．図9.6）．

9.4 発生の過程

たった1個の受精卵が細胞分裂を繰り返し，多細胞動物という個体が形成される．この過程を発生という．細胞分裂においては，つねにその細胞のもつDNAが正確にコピーされ，娘細胞に受け渡される．したがって，多細胞動物のすべての細胞は基本的にはすべてまったく同じDNAをもっていることになる．にもかかわらず心臓，肝臓，筋肉，ニューロン，血液細胞など構造も働きも異なる細胞に変化する．同じ遺伝子をもっているにもかかわらず異なった細胞になるのは，DNA上にある遺伝子のうち，どの遺伝子が働くかによっている．DNA上にある遺伝子はすべてがつねに発現しているわけではなく，正確なプログラムに沿ってスイッチが入ったり切れたりすることにより，タンパク質が合成されたり，合成が停止したりする．このような調節によって，同じ遺伝子をもった細胞がいろいろ異なった働きをする細胞に変化し（分化するという），それらの細胞が集まって1個の個体が形成されると考えられている．

発生の過程は動物によってさまざまであるが，基本的な共通の段階がある．ここではそれをいくつかに分けて，発生の過程に特徴のある動物およびヒトについて，その過程を見てゆく．発生の段階は三つに分けて考えられる．最初は受精卵が細胞分裂して多くの小さい細胞になる（この分裂を卵割という）．この細胞は組織化されて外胚葉（上皮や神経板）になる．さらに複雑な形成運動が起きて内胚葉（原腸）になる（二層性胚盤期とよぶ）．そして上部の外胚葉と内胚葉の間に中胚葉が形成される（三層性胚盤胞とよぶ）．次の段階は，器官の形成で，各胚葉から体の各器官，すなわち心臓，目，手肢などが形成される．三番目の段階で

は，このようにして発生した小さい個体がそのパターンを維持しながら，成体の大きさに成長する．

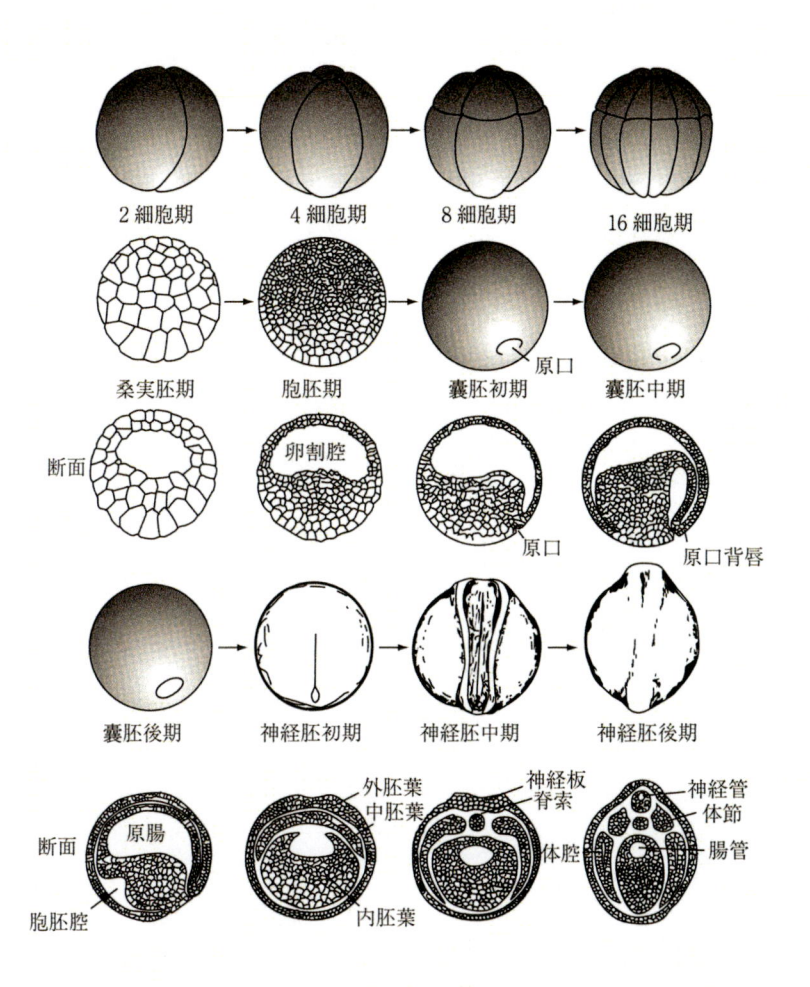

図9.7 カエルの発生

卵割によって細胞数を増やし，桑実胚（32～64細胞期）になると動物極側に卵割腔が形成される．卵割腔をとりまく細胞は上皮となり，胚は胞胚とよばれる状態になる．

胞胚期を過ぎると，植物極側に半月状の溝が現れ，これが原口となる．原口はやがて内側に入り込んで原腸をつくる．この過程は原腸形成とよばれ，卵割腔は狭められて嚢胚が形成される．

嚢胚後期になると背面に1本の溝ができ，その周辺部が平たくなって神経板ができる．これが内部に落ち込んで神経管となり，後に中枢神経系に分化する．

複雑な陥入の過程を経て胚の外側の細胞群が内側に入り込み，中空の球をなしていた細胞群が左右の対称性をもつ多重層構造に変化する．

その後の発生はこうして形成された内，外，中層の相互作用によって進行する．脊索は後に椎骨に置き換わり，体節からは筋肉や四肢の骨に，腸管は消化管に分化する．

（1）卵割と胞胚形成

ヒトやそのほかの哺乳動物のように卵細胞が小さく卵黄も少ない生物では，胎児形成のために子宮粘膜に着床し胎盤が形成されて母体から養分や酸素の供給を受ける．一方，卵生動物では，卵黄が多く十分な栄養があるため胎盤を必要としない．このように卵生の動物と哺乳動物では，発生の仕方が異なる．ここでは，ヒトの発生について解説する．

受精後，発生の初期に見られる細胞分裂は，一般の体細胞分裂とは異なり，DNA合成は盛んであるが，タンパク質合成はきわめて少なく，細胞の分裂のみが短時間に引き続いて起きる．したがって，生じた娘細胞の体積はしだいに小さくなる．このような分裂を卵割とよび，生じた娘細胞を割球という．発生の初期には，この割球数によってその発生の時期を表す．図9.7（前ページ）はカエルの卵割であるが，ヒトでも同じ順序で行われる．受精卵は，2細胞（2細胞期），4細胞（4細胞期）と不等割分裂を繰り返して桑実胚，胞胚，嚢胚，神経胚と発生が進んでゆく．この間に胚内部では統制のとれた細胞の動きが始まり，中空であった細胞が左右対称性をもつ三層構造に変化する．ヒトでは，受精卵は卵

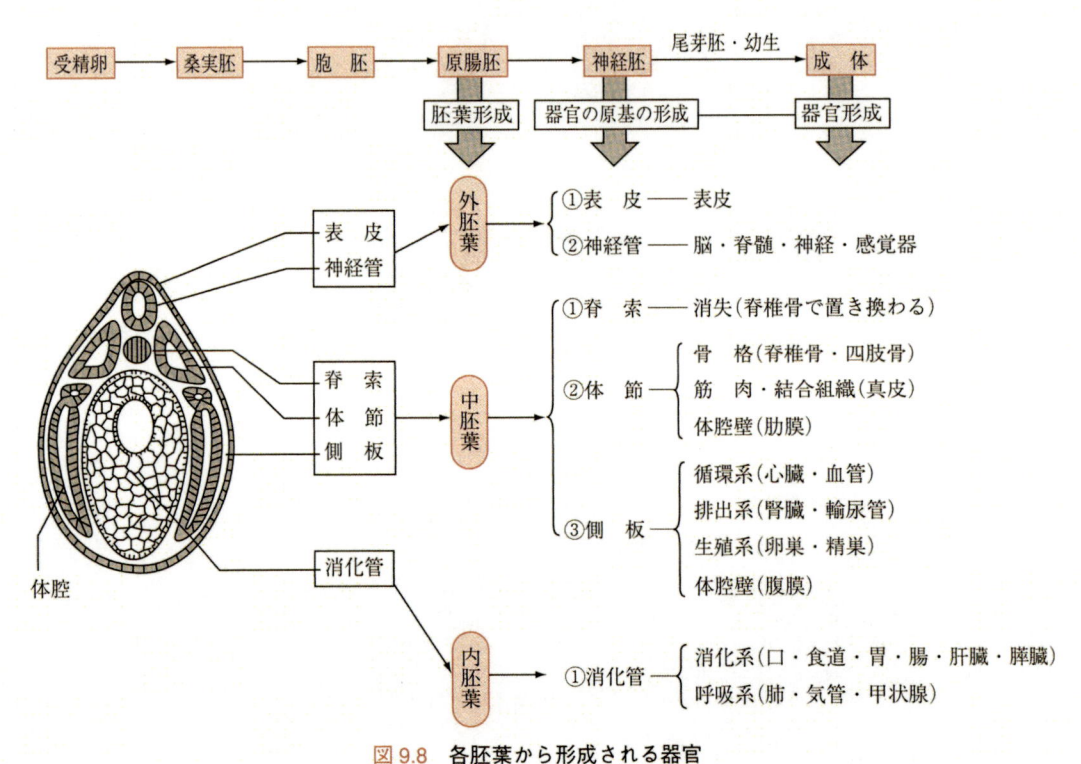

図9.8 各胚葉から形成される器官
〔小林 弘著,〈チャート式シリーズ〉「新生物ⅠB・Ⅱ」, 数研出版 (1995), p.171 より〕

割を繰り返しながら，卵管内を移動し，桑実胚，胚盤胞を経て約5，6日後に子宮粘膜に着床して妊娠が成立する．着床後，栄養膜から胎盤が形成され，へその緒を通じて胚（胎児）とつながれている．胎児からの血管と母体の血管は直接つながっていないが，胎盤関門とよばれる絨毛膜を通して母体から養分や酸素が供給され，胎児が生じた老廃物が母体に渡される＊．

＊胎盤関門には選択透過性があり，胎児にとって害となるものはなるべく透過しないようになっている．しかし，ウイルスや一部の病原菌などは胎盤を通過してしまう．たとえば風疹，水痘，疱瘡，麻疹，あるいは最近問題になっている AIDS や B 型ウイルス肝炎の原因となるウイルスも胎盤を通過してしまうため，胎児に感染してしまう．また胎盤関門は，免疫学的にも重要で，母親のもつ抗体（免疫グロブリン G）は胎盤関門を通過するため，それによって胎児は種々の感染症から守られている．

（2）器官形成

各胚葉の細胞は，規則正しく制御されながらそれぞれの器官特有の形態や機能をもった細胞に分化し，それらの細胞が集まって器官を形成する．各胚葉から形成される器官は図9.8に示すとおりである．各器官ができあがると小さいながら一つの個体ができあがることになる．

（3）成体の形成

小さな個体は，そのパターンを維持しながら細胞分裂を繰り返して成体となる．ヒトでは，受精後8週間で小さな個体がほぼ完成し，その後8か月をかけて約3 kgの胎児に成長する（図9.9）．

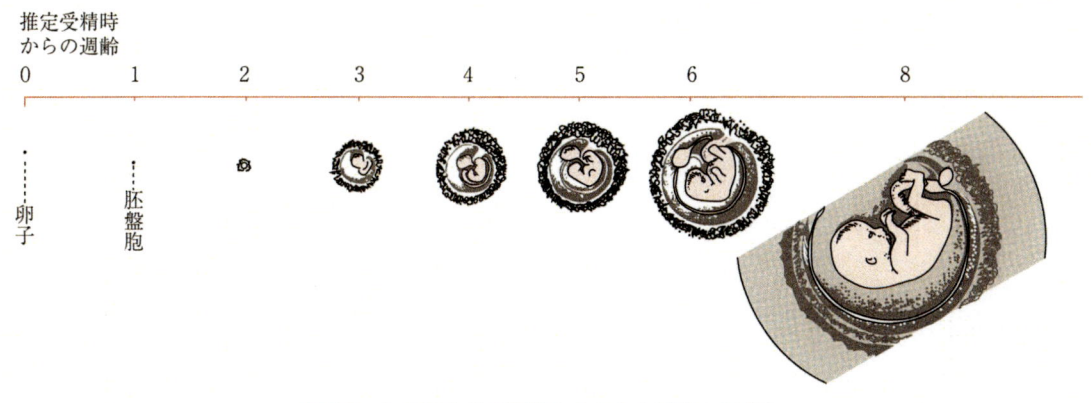

図9.9 ヒトにおける胚葉からおもな器官への分化

章末問題

問題1 卵と精子はいずれも減数分裂によって形成されるが，その分裂様式はそれぞれ特徴的である．それぞれの分裂の特徴を説明せよ．

問題2 卵は一つの精子と受精すると，続いてくる多くの精子とは受精しない．その理由を説明せよ（多精に対する障壁機構）．

問題3 卵は同じ生物種の精子としか受精しない．その理由を説明せよ（他精に対する障壁機構）．

10 生命の連続性——発生と分化(3)

発生のしくみ

　1個の細胞である受精卵が細胞分裂と分化を行って、動物の種特有の形態や機能をもった個体を発生する。その過程は、規則正しく制御されており、少しの狂いもなく進められる。このような秩序だった発生がなにによって進められるのか。遺伝子の働きはどのようになっているのか。これらの疑問は古くから興味をもたれ、多くの研究が行われてきたが、発生のメカニズムについては今もって不明なことが多い。ここでは、発生のしくみを解明する手がかりとなる実験と、その実験から明らかにされた発生のしくみについて述べる。

10.1　卵の調節能

　ドイツのドリューシュ（Driesh）は、ウニ卵を使って割球の分離実験を行い、2細胞期、4細胞期に割球をバラバラにしても、いずれの割球も小さいながら完全な形の幼生になることを発見した（図10.1）。また、ドイツのシュペーマン（Spemann）は、イモリの2細胞期の胚を正中線に沿って糸でくくると、一つの胚から正常な2匹のイモリが誕生することを発見した（図10.2）。

　これらの実験結果は"発生の初期（2細胞期、4細胞期）には将来形成される組織や器官の分布域は未決定である"ことを示している。つまり、ウニやイモリの卵は、一部が失われても残りの割球から完全な個体が発生するようになんらかの調節能をもっていると考えられる。このよ

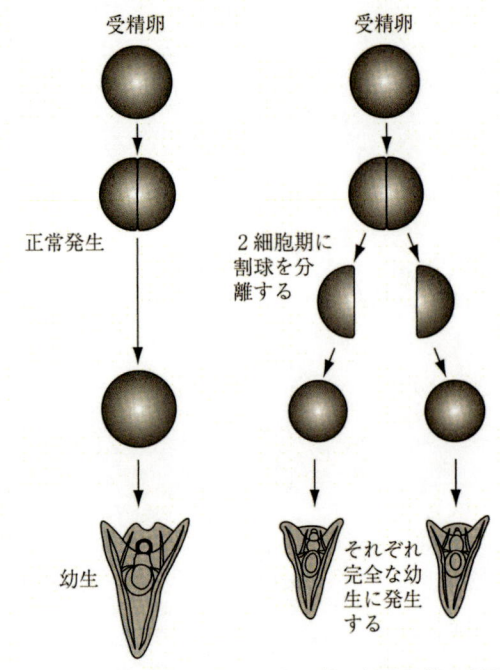

第10章 発生のしくみ

図10.1 ドリューシュによるウニ卵の割球分離の実験

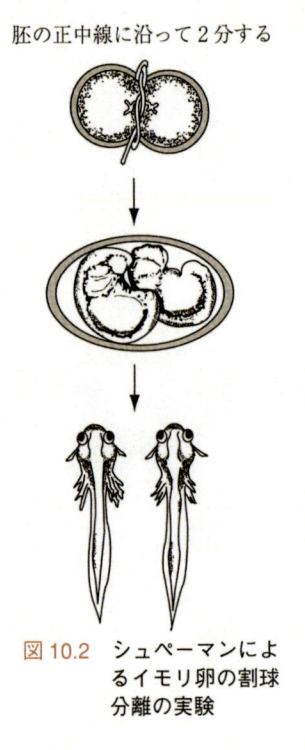

図10.2 シュペーマンによるイモリ卵の割球分離の実験

紀元前6世紀ごろのギリシャ出土の壺絵

うな卵を調節卵という．ウニやイモリのほか，マウスやヒトの卵も調節卵である．一方，クシクラゲ（腔腸動物）の幼生は体表に8列のくし板（運動のための器官）をもつが，2細胞期，4細胞期に割球を分離すると，それぞれくし板を4列または2列しかもたない幼生になる（図10.3）．このことからクシクラゲの卵は，ウニやイモリのような調節能をもたず，胚各部の発生運命が早くから決まっていると考えられる．このような卵をモザイク卵という．その後の研究から，両者の違いは調節能をいつまでもっているかという時間的な差で，調節卵も発生が進むにつれてしだいに調節能を失い，モザイク卵的になっていくことが知られている．

　なお，マウスを用いた次のような実験がある．両親が白い毛の8細胞期のマウス胚と両親が黒い毛の8細胞期のマウス胚の透明体をプロテアーゼ（タンパク質を分解する酵素）で処理して除いた後，二つの胚を合わせておしつけ37℃で培養して融合胚をつくり，これを養母マウスに移すと，黒い毛と白い毛の混ざった正常な1匹のマウスが誕生した（図10.4）．この実験は哺乳動物においても，8細胞期では，それぞれの細胞がどのような器官になるかはまだ決定していないことを示している．

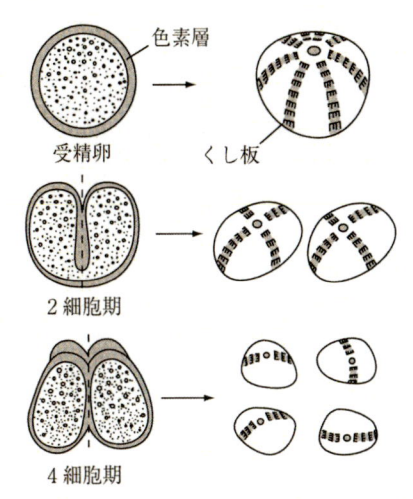

図 10.3 クシクラゲの割球分離の実験

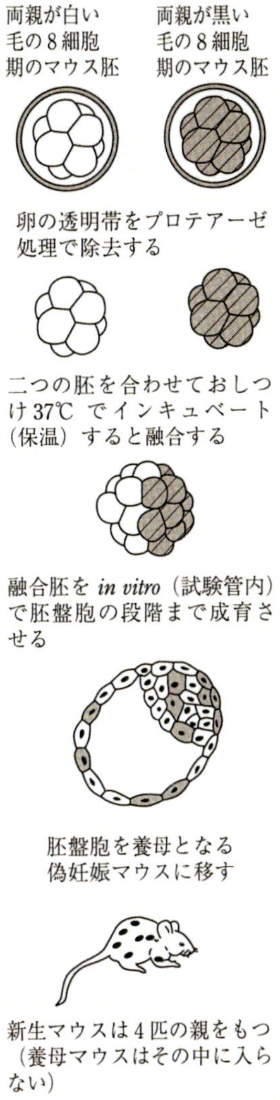

なお、この新生マウスは4匹の親をもつことになる。このように異なる遺伝子系をもった2個の胚を一緒にしてつくられた動物、すなわち遺伝的に異なる細胞群が集合して個体が形成されている動物をキメラ動物という。キメラ（chimera）はギリシャ神話にでてくる怪獣である。

10.2 胚の予定運命と決定

ドイツのシュペーマンは、二つのイモリ初期嚢胚を用いて実験を行った。一方の胚の予定神経域の一部と、もう一方の胚の予定表皮域の一部を切り取って交換移植を行った。その結果、移植した予定神経域片は表皮になり、予定表皮域片は神経になった。つまり、移植片はいずれも予定運命どおりにはならず、移植部域の予定運命に従って発生した（図10.5）。同じ実験を後期嚢胚を用いて行ったところ、移植片は予定運命どおりに発生した。以上の実験から、イモリの予定神経域と予定表皮域の運命は嚢胚初期ではあくまで予定であって変更が可能であり、初期から後期の間で決まることがわかった。発生が進むにつれて、予定でしかなかった運命が確定し、予定運命以外の分化が起こりえなくなることを決定という。つまり、発生が進めば進むほど決定が細かく行われて、胚各部の調節能力がせばめられ、決められたものにしか分化できなくなると考えられる。

図 10.4 キメラマウスの作製

イモリ胞胚の予定原基図

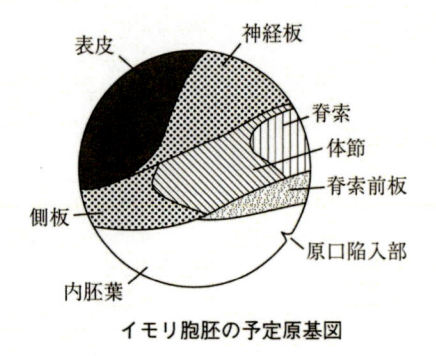

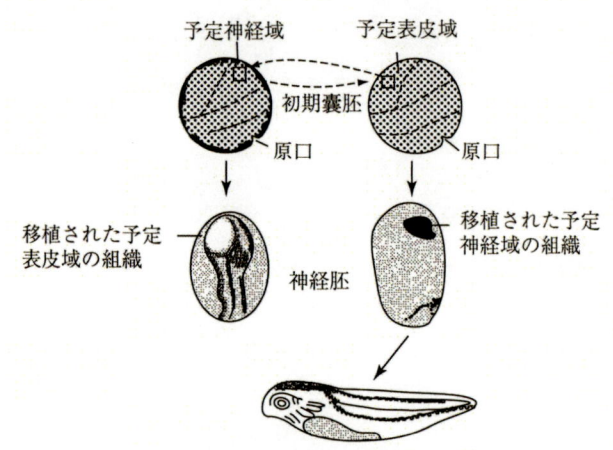

図10.5 シュペーマンによるイモリの初期のう胚をもちいた交換移植実験

10.3 形成体と誘導

　シュペーマンは，先の実験と同様にイモリ初期のう胚を用いた移植実験で，原口背唇部を切り取って，同じ時期のほかの胚の卵割腔内に移植したところ，移植片自身は中胚葉性の組織（脊索など）に分化するとともに，接する外胚葉から神経管が分化し，二次胚が形成されることを発見した(図10.6)．つまり，原口背唇部は初期嚢胚でもすでに発生運命が決定しており，しかも接する外胚葉に働きかけて神経管を分化させると考えられる．このような働きをする原口背唇部を形成体（オーガナイザー）とよび，その働きを誘導という．

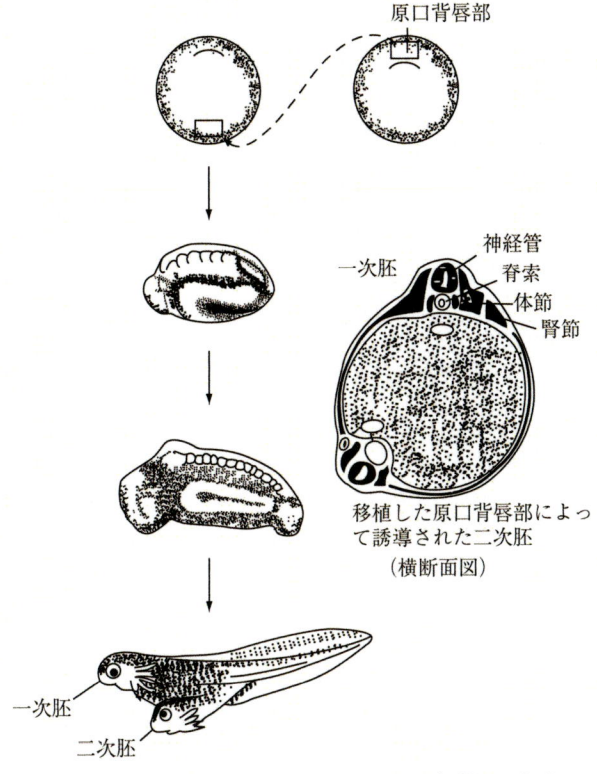

図 10.6 シュペーマンらによるイモリの初期のう胚を
もちいた原口背唇部の移植実験

コラム　同じ細胞どうしをつなぎとめている物質「カドヘリン」

　細胞が集まって一つの組織をつくりあげてゆくためには，細胞どうしの接着が必要である．細胞と細胞を接着するのりのような働きをしているのがカドヘリンである．カドヘリンは多くのタイプが発見され（現在，少なくとも15種以上の型が見つかっている），最初に発見された組織に基づいて，Eカドヘリン（上皮型），Nカドヘリン（神経型），Pカドヘリン（胎盤型）などとよばれている．そして，このカドヘリンがそれぞれの細胞が互いに同じ仲間の細胞であるかどうかを見分ける目印にもなっている．つまり細胞によって細胞表面に発現している（細胞表面にもっている）カドヘリンの型が異なっており，細胞は互いにその型を見分けて同じ型のカドヘリンをもっている細胞が集まってきて互いに接着し，組織をつくりあげてゆく．カドヘリンは，どの型でも全体の構造はよく似ており，分子量約 120 〜 130 kDa のタンパク質である．その一部が細胞内に埋め込まれ，残りの部分を細胞表面にだしている．細胞どうしが接着するときは，それぞれの細胞の細胞表面にでている部分が Ca^{2+} を介して結合する．したがって，動物細胞において，相互の安定な接着のためには，必ず Ca^{2+} が必要である．（Da＝ダルトンまたはドルトンとよむ．^{12}C の 1/12 質量のこと）

10.4 胚細胞の造形運動

　胚をつくっている細胞が，発生の過程で一団となって移動し，特定の形をつくりあげることを胚の造形運動という．原口背唇部の陥入，神経管の形成などはその例である．

　イモリやカエルなどの両生類の神経胚を用いて，表皮部分と神経板の部分の細胞をバラバラにして混ぜ合わせておくと，神経板の細胞は中にもぐって神経管をつくり，表皮の細胞がこれを包むように表面に集まってくる．この実験結果から形成体による誘導を受けた細胞群は一団となって行動し，ある決まった形をつくる，すなわち造形運動を行う能力をもっていることがわかる．また，分化した細胞では，細胞表面の性質が変化していて，細胞どうしは互いに接触によって自己と非自己を見分けることができるものと考えられる（図10.7）．

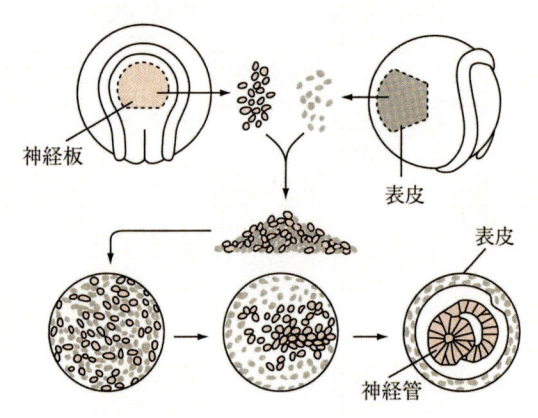

図10.7　ばらばらにした胚の細胞の造形運動

10.5 遺伝子の全能性

　英国のグルドン（Gurdon）は1962年にアフリカツメガエルの未受精卵を取りだし，これに紫外線を当てて核を破壊したのち，この卵に，オタマジャクシの小腸の上皮細胞から取りだした核を注入した．その卵がそのまま発生を続けると，オタマジャクシを経て正常なカエルが誕生した（図10.8）．このことは，たとえオタマジャクシの小腸にまで分化した細胞であっても，その過程で遺伝子は失われることなく，発生の過程で必要なすべての遺伝子をもっていたことを示している．これを遺伝子の全能性という．

　なお，このようにして生まれたカエルは，小腸の上皮細胞を取りだし

10.5 遺伝子の全能性　99

クローン動物

1997年, 英国ロスリン研究所で誕生したクローン羊が大きな話題になった. 動物の初期胚の割球分離（図10.1, 10.2）や核移植（図10.8）によって人為的にクローンをつくることは以前から行われている. ヒトの一卵性双子も自然に生まれるクローンである. また, 大腸菌のような単細胞生物が細胞分裂によって生じる新しい細胞はすべて分裂前の細胞のクローンである. クローン羊がこれら従来のものと異なるのは, すでに分化の全能性を失っていると考えられていた成体の乳腺細胞からつくられたことである. すなわち, 分化によって特定の働きをするようになった細胞の核でも, ふたたび分化の全能性を示したことである. 2001年, 米バイオ企業では, ヒトの体細胞クローン胚を作製したと発表した. 技術的にはクローン人間の誕生も可能になったわけである. 生命倫理の観点から重い課題である.

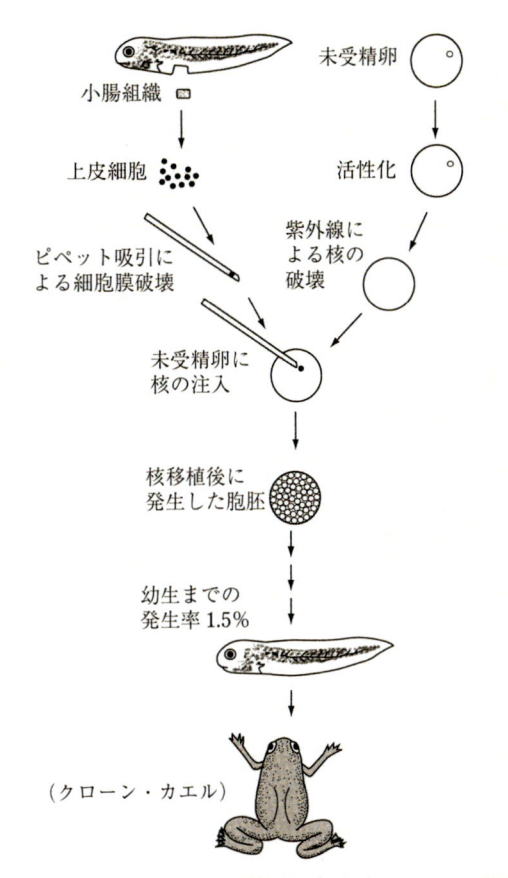

図10.8 グルドンの核移植実験（クローンカエルの作製）

たオタマジャクシと遺伝子的にはまったく同じである. このように, ある動物の1個体から有性生殖を経ないで生じた遺伝的に均一な動物をク

コラム　アポトーシス

多細胞生物の形態形成過程において, プログラムされた細胞死が起こる現象をいう. 病変による細胞死（ネクローシスあるいは壊死）とは異なる. たとえばニワトリの足指の間に水かきがないのは, 胚の発生過程においてプログラムされた細胞死が起こるからである. ある薬品を用いてこの細胞死を阻害すると水かきが残る. 植物では秋の落葉もアポトーシス現象の一つで, 葉柄の基部に形成される離層における細胞死が起こることによる. またオタマジャクシや昆虫の変態もアポトーシスの一つの型である. その全般的なしくみについては今日も不明であるが, 線虫についての研究によるとアポトーシスの過程には四段階あり, 多くの関係遺伝子が同定されている. 哺乳動物のなかにも相同な遺伝子が存在するものがある.

ローン動物という．

章末問題

問題1 モザイク卵と調節卵では，発生運命の決定時期がどのように異なるか．

問題2 クローン動物は，どのような研究に役立つと考えられるか．

問題3 植物の発生と形態形成について調べよ．

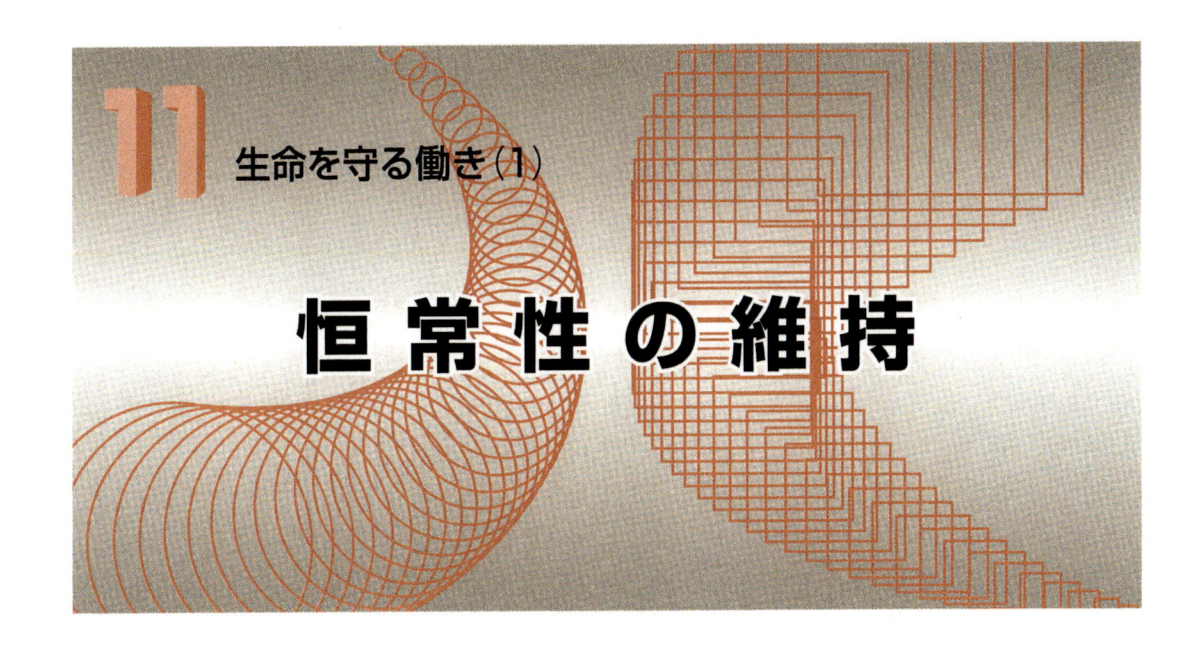

11 生命を守る働き(1)
恒常性の維持

われわれは,寒いときには震え,衣服を重ねて暖をとり,暑いときには衣服を脱ぎ,冷たい水を飲む.そして,生体の内部でも,外部の状態(外部環境)の変化に敏感に反応して,鳥肌が立ったり,汗をかいたりすることによって生体の内部(内部環境)を一定に保つような調節機能が働いている.このように生体の内部環境を安定した状態に維持する性質を恒常性(homeostasis,ホメオスタシス)という.一般に,衣服を脱いだり着たりというような体外活動は体性神経系(知覚神経と運動神経)と中枢神経系(思考,経験など)により統合されている.一方,鳥肌が立ったり汗をかいたりというような体内活動による内部環境の調節には,自律神経系,内分泌系,およびオータコイドなどが関与している.

本章では,生体の内部環境とは何か.また,その内部環境が自律神経系,内分泌系(ホルモン)などによってどのように調節されているかについて述べる.

> **オータコイド**
> 生体内の生理活性物質の一つで,ホルモンと神経伝達物質の中間的な作用を有するものの総称である.ホルモンや神経伝達物質は細胞内の分泌顆粒の中に貯蔵されていて,その細胞が刺激を受けて分泌されるが,一方オータコイドは貯蔵されることなく,刺激がきてはじめて前駆物質より生成し遊離される.

11.1 内部環境を形成する体液(血液,組織液,リンパ液)

生物の体を構成する大部分の細胞は,外部環境と直接には接しておらず,体内にある血液・組織液・リンパ液などの体液に囲まれている.すなわち,細胞にとっての内部環境は体液といえる.恒常性の調節は,この体液を介して自律神経系,内分泌系(ホルモン),およびオータコイドなどによって無意識に行われている.

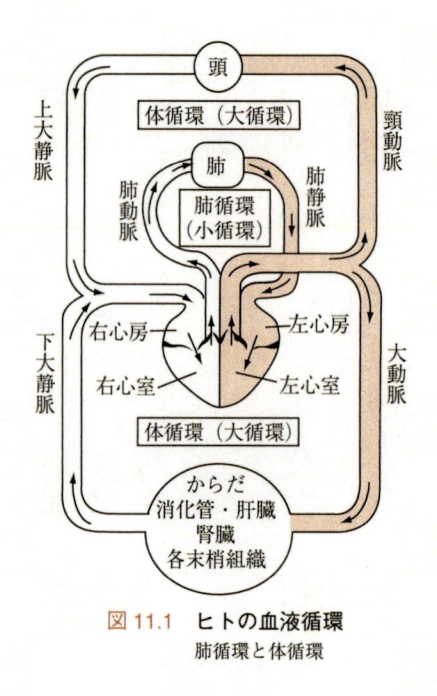

図 11.1　ヒトの血液循環
肺循環と体循環

　体液は血管内を流れる血液と組織間にあって細胞を浸している組織液およびリンパ液に分けられ，恒常性の維持のほかに，物質の運搬，外界からの異物の侵入からの生体防御など種々の働きをしている．体液は個々の細胞を循環するための特別な経路（循環器系）を形成しており，血液の循環を担う血管系，リンパ液の循環を担うリンパ系がある．脊椎動物では，血液を循環させるためのポンプの役割をしているのが心臓で，血液は心臓からでて動脈を経て毛細血管として各組織に入り込み，ここで組織細胞との物質の授受が行われる．そして静脈を経てふたたび心臓に戻る（図 11.1）．すなわち，血管は血液を運ぶパイプにすぎず，血液循環の生理作用が行われる部位は毛細血管である．
　血液の成分は，有形成分である血球と液体成分である血漿に大別される．血球には，赤血球，白血球（単球，リンパ球，顆粒白血球），血小板があり，これらを除いた液体部分が血漿である．赤血球は，円盤状で核がなく中央がへこんだ直径 4〜8 μm の細胞で，鉄イオンを含んだ赤色のヘモグロビンを含み，酸素の運搬の役目をしている．ヒトの赤血球の数は，1 mm³ 中に男子でおよそ 500 万個，女子でおよそ 450 万個である．白血球は，免疫機能の主役として病原菌やウイルスから生体を防御している．有核の細胞で種類も多いがいずれも骨髄中の幹細胞から増殖・分化する．白血球の数は生理状態によって変動するが，一般的には

血液 1 mm³ 中におよそ 6000〜9000 個といわれている．血小板は骨髄の巨大核細胞の細胞質の破片であり，不定形の小体（2.5 μm）で無核である．血液を凝固させる因子（トロンボプラスチン）を含んでいる．血液 1 mm³ 中にヒトでは 20 万〜40 万個存在する．血漿は，90％が水で，無機塩類，グルコース，アミノ酸，複合脂肪など細胞が必要とする物質を運搬し，細胞から排出される老廃物や CO_2 を排出器に運搬する．また，血漿中には，アルブミン，グロブリン，フィブリノーゲンなどからなるタンパク質（約 7〜8％）や糖質（約 0.1％），脂質（約 1％），およびナトリウム，カリウム，塩素などの無機成分（約 0.9％）が含まれている．

以上のように血液の成分はそれぞれに重要な働きをしているが，恒常性の維持という点では，血漿成分の緩衝作用による水素イオン濃度の安定化，塩類濃度の維持などによる内部環境の恒常化や，内部環境を調節するためのホルモンの運搬などがあげられる．

循環血液が心臓からでてふたたび心臓に戻る間に，毛細血管からタンパク質のような高分子化合物を除いた低分子の各種溶解物質や水分が血管壁を通り抜けて組織にしみだし組織液となる．組織液の成分は血漿に似ており，組織に酸素や栄養分を与えたり，二酸化炭素や代謝の結果つくられた老廃物を受け取る物質交換の仲介役を行っている．この組織液の一部が，組織内のリンパ管内に入り，リンパ液となる．リンパ液には血管外にでた白血球（顆粒白血球，リンパ球，単球）が含まれている．リンパ液は血液のように完全な閉鎖系の中を循環しているわけではないが，独自の循環系をもっている（p. 115，図 12.2 を参照）．毛細リンパ管は，全身の組織に分布しており，それらが集まり太いリンパ管となる．リンパ管には血管と同様に弁があり，リンパ液の逆流を防いでいる．また，リンパ液を生成したり，リンパ液をろ過して細菌や異物などを捕食し，体内への細菌の侵入を食い止めるリンパ節がある．

11.2　自律神経系による内部環境の調節

神経系は，大きくは中枢神経系と末梢神経系に分けられる．中枢神経系は脳と脊髄からなり，脳は，大脳，間脳，中脳，小脳，延髄に分かれている．大脳は，外側を皮質（灰白質），内側を髄質（白質）という．大脳皮質には，複雑に入り組んだしわがあり，運動，感覚，思考，記憶，理解，言語などいろいろな働きをしている．間脳は，視床と視床下部に

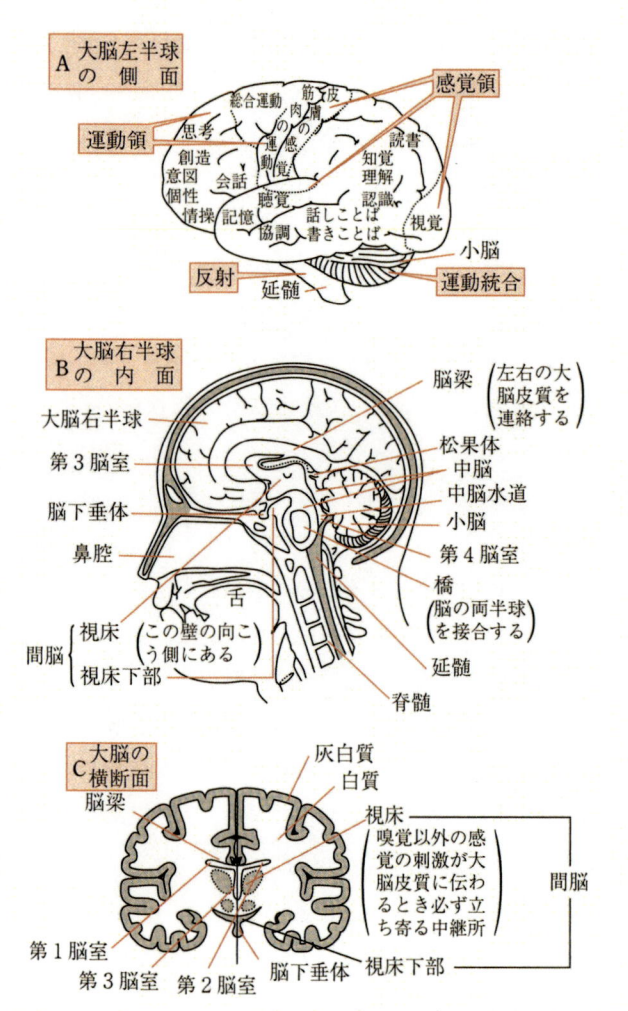

図11.2 ヒトの脳

分かれる．視床下部は自律神経系の中枢で内臓の働きや摂食，生殖，睡眠など本能的な活動に関与している．また，内分泌系の中枢で，脳下垂体の働きを支配し，血糖量や体温調節の中枢がある．中脳は，視覚と関係が深く，小脳には，体の平衡を保つ中枢がある．延髄は，呼吸運動，心臓拍動など重要な調節作用の中枢がある．延髄は脳と脊髄の中継点であり，大脳からの神経はここで交差して脊髄にでてゆく．したがって，たとえば脳の右側が脳出血などで壊れると，左半身が不随になる（図11.2）．

末梢神経系は，中枢（脳と脊髄）からでて，体の各部に分布する神経で，働きのうえから体性神経系と自律神経系に分けられる．体性神経系は運動や感覚のような意識と関係する神経系で，自律神経系は循環系の

ような意志と無関係な働きをする神経系である．生体の恒常性を維持するために重要な働きをしているのは自律神経系であり，呼吸運動の調節や血液循環の調節は自律神経の支配を受けている．また，血糖量や体温の調節はホルモンと自律神経によって調節されている．

　自律神経系は，交感神経と副交感神経からなり，内臓，血管，皮膚など同一の諸器官に分布し，促進と抑制という拮抗的な働き（二重神経支配）によって自動的に筋肉や分泌腺の働きを調節し，生体の恒常性を維持している．交感神経は脊髄の両側に並んで体節的に交感神経節を形成している．交感神経は，一般的には内臓諸器官の機能を高めるように働いており，シナプスでは，アドレナリンやノルアドレナリンが分泌されて興奮の伝達を行っている．副腎髄質はアドレナリンやノルアドレナリンの分泌器官なので，これらの分泌は交感神経の支配を強く受けている．副交感神経は，交感神経と同じ器官に分布し，一般的には，交感神経によって機能を高められた器官の作用を抑制する方向に働いており，シナプスでは，アセチルコリンが分泌されて興奮の伝達が行われている．

（1）呼吸運動の調節

　呼吸運動の調節は延髄にあり，通常はこの中枢の支配で自動的に呼吸運動が行われている．ヒトは，普通1分間に13～17回の呼吸をしている．激しい運動で細胞の呼吸が高まると，CO_2を多く含む血液が流れ，これが延髄の呼吸運動中枢を刺激するので，興奮は交感神経を経て横隔膜と肋骨の筋肉に伝わり，呼吸運動が速まる．激しい呼吸運動によって血液中のCO_2濃度が下がると，これが延髄に伝わり，呼吸運動は抑えられる．

（2）血液循環の調節

　体内を流れる血液の量はほぼ一定しているため，O_2を速く筋肉に届けたいというようなときは，速く流すしか方法がない．それには，心臓を速く拍動させて流れを強くし，動脈血管を収縮させて通りを狭くし，目的の場所まで速く流すようにすればよい．血液循環は心臓拍動と血管運動の調節の二つが働きあって行われている．

（3）心臓拍動の調節

　心臓はつねに動き続けていなければならない．ときどき止まるようで

は大変である．心臓がいつも規則正しく拍動しているのは，心臓には独自の刺激伝導系があり，これによって自動的に調節されているからである．大静脈から心臓内（右心房）に入るところに洞房結節があり，ここで生じる刺激が心臓全体の収縮リズムを支配しているのでペースメーカーとよばれ，1分間に60～80回の収縮を行う．しかし，必要に応じて拍動を速くしたり遅くしたりすることも必要で，そのときは刺激伝導系が交感神経と副交感神経によって調節される．静脈血が多すぎて心房圧が高くなると心房反射により心臓の収縮が強くなる．また大動脈弓や頸動脈洞には圧を感知する受容器があり，血圧が高くなると心臓の収縮を抑制し，低くなると心臓を強く収縮させるように，交感神経と副交感神経により調節される．

（4）血管運動の調節

顔面血管には交感神経と副交感神経の両方が連結しているが，体の血管には交感神経のみで，拮抗的に働く副交感神経は分布していない．信号が送られたときは血管は収縮し，信号が切れると拡張するしくみになっている．

血管の収縮：血液中にCO_2が増大するか，O_2が欠乏すると，これが延髄の血管運動中枢を刺激し，交感神経を経て血管を収縮させるので，通り道が狭くなり，血液は速く流れる．

血管の拡張：血液が速く流れて動脈の血圧が上昇すると，この刺激が頸動脈洞と大動脈弓にある受容器で受け取られ，血管運動中枢に伝わる．すると，交感神経への信号が断ち切られるので，血管は拡張し，血圧が下がって，血液の流れも遅くなる．

11.3　内分泌系（ホルモン）による内部環境の調節

生体の恒常性の維持にホルモンは重要な働きをしている．ヒトの体は複雑でしかも総合的に働いている．おもにホルモンの支配を受けている調節には，成長の調節，性周期の調節，水分の調節，無機塩類の調節などがある．ホルモンを分泌する器官は内分泌腺とよばれる．内分泌腺は発生のときに上皮が陥入してできたもので，排出管（導管）がなく，したがって分泌物質（ホルモン）は直接体液中に分泌される（これに対して，汗腺や消化腺のように排出管をもつ腺からの分泌を外分泌という）．

11.3 内分泌系（ホルモン）による内部環境の調節

（1）ヒトの内分泌腺

ヒトのおもな内分泌腺としては，視床下部，下垂体，甲状腺，副甲状腺，副腎，膵臓，精巣，卵巣などがある．それぞれの内分泌腺の位置を図 11.3 に，各内分泌腺より分泌されるホルモンとその働きを表 11.1 にまとめた．これらホルモンは微量で強い働きをし，作用も即効的である．また，ホルモンの本体は，タンパク質，ペプチド，アミノ酸などタンパク質系の物質か複合脂質のステロイド系物質からなり，一般に分子量は小さい．

（2）水分量の調節

ヒトの水分は，体重の約 2/3 を占めるが，外呼吸の呼気（1 日に約 0.4l）や，尿（1 日に約 1.5l），糞（1 日に約 0.2l）とともに皮膚からの蒸発（1 日に約 0.6l）によっても失われる．水分の 10% が失われると，血液が粘っこくなり，流れにくくなって血圧が下がる．

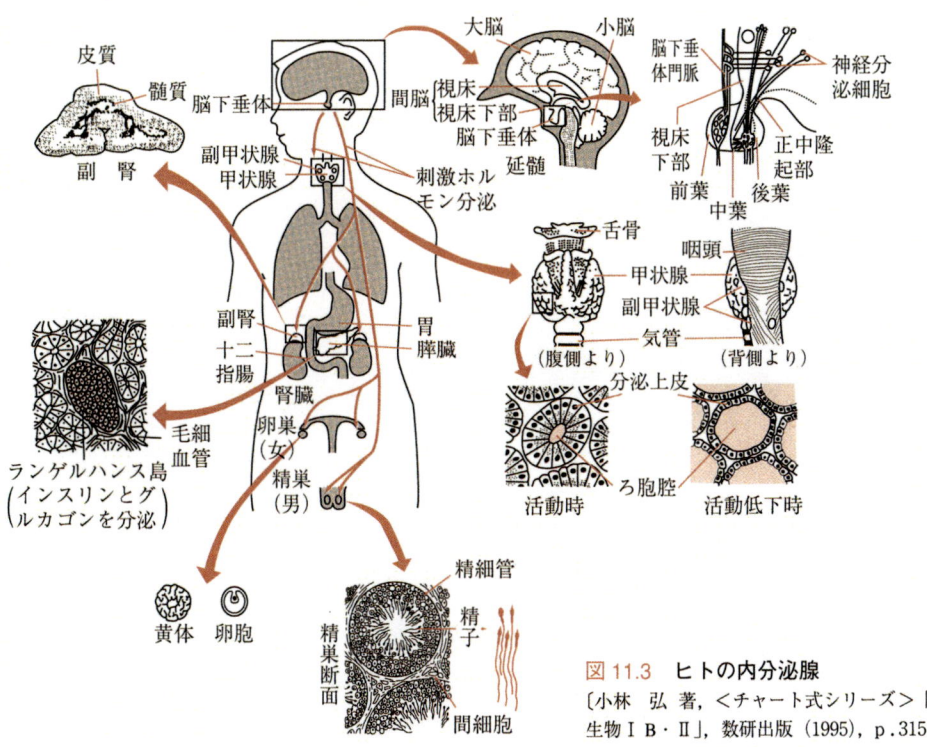

図 11.3 ヒトの内分泌腺
〔小林 弘 著，＜チャート式シリーズ＞「新生物 I B・II」，数研出版（1995），p.315〕

表 11.1 脊椎動物のホルモン

種類	分泌部位		ホルモン	標的組織	機能・作用
タンパク質・ペプチドホルモン	視床下部		黄体形成ホルモン放出ホルモン (LRH)	下垂体前葉	下垂体ホルモンの分泌 または抑制の調節
			成長ホルモン放出ホルモン (GRH)	〃	
			副腎皮質刺激ホルモン放出ホルモン (CRH)	〃	
	下垂体	前葉	甲状腺刺激ホルモン (TSH)	甲状腺	甲状腺ホルモン分泌促進
			成長ホルモン (GH)	軟骨・骨	骨端の成長，細胞の成長促進
			副腎皮質刺激ホルモン (ACTH)	副腎皮質	糖質コルチゾンなどの分泌
			プロラクチン	乳腺	乳汁の分泌
		後葉	オキシトシン	乳腺，子宮	射乳，子宮収縮
			バソプレッシン(抗利尿ホルモン)	腎臓	腎臓での水分の再吸収
	甲状腺		カルシトニン	骨・腎臓・小腸	血中カルシウム濃度を低下
	副甲状腺		副甲状腺ホルモン	骨・腎臓・小腸	血中カルシウム濃度を上昇
	膵臓		インスリン	肝・筋肉・脂肪組織	糖の取込み増加 肝グリコーゲン分解低下
			グルカゴン	〃	肝グリコーゲン分解促進
	胃腺		ガストリン	胃腺	胃液分泌促進
アミノ酸ホルモン	甲状腺		チロキシン	全組織	代謝率亢進・成長発達調節
	副腎髄質		アドレナリン (エピネフリン)	心筋や他の筋	闘争反応・血糖値上昇
			ノルアドレナリン (ノルエピネフリン)		
ステロイドホルモン	卵巣		エストロゲン	女性生殖器・皮膚・筋肉・骨	女性生殖系の成熟・維持
			プロゲストロン		子宮内膜肥厚 (受精卵の着床)
	睾丸		アンドロゲン	男性生殖器	男性生殖器の成熟・維持，精子形成
	副腎皮質		アルドステロン (鉱質コルチコイド)	腎臓	電解質代謝調節
			グルココルチコイド (糖質コルチコイド)	全組織	血糖値上昇，タンパク質の分解

水分が失われると，体内の水分が不足して血圧が低下し，血液の浸透圧が上昇すると，この刺激が間脳の視床下部で感知され，脳下垂体後葉からバソプレッシンという抗利尿ホルモン（antidiuretic hormone：ADH）が分泌される．バソプレッシンによって腎臓の尿細管での水分再吸収が促進され尿量が減少し，その結果体内の水分が増加する．

水分が多いと，多量の水を飲むなどして全血液量が増加すると血圧が上昇し，浸透圧が低下する．この刺激が間脳の視床下部で感知され，脳下垂体後葉からバソプレッシン分泌が抑制され，腎臓の尿細管での水分再吸収が抑制され尿量が増加し，その結果体内の水分が減少する．

（3） 無機塩類の調節

体液中には，Na^+，Cl^-，Ca^{2+}，K^+，Mg^{2+} などが存在する．この中で浸透圧などの調節に重要な働きをしているのは Na^+，Cl^-，Ca^{2+} である．

Na^+ の調節：副腎皮質から分泌される鉱質コルチコイド（アルドステロン）は，腎臓の尿細管での Na^+ の再吸収を促進し，血液中の Na^+ の量を増加させる．

Ca^{2+} の調節：副甲状腺から分泌されるパラトルモンは，腎臓での Ca^{2+} の再吸収を促進するとともに，腸からの Ca^{2+} の吸収と，骨，歯からの Ca^{2+} の溶出も促進する．

（4） 性周期の調節

ヒトでは，男性の精子形成には周期性はないが，女性の卵形成では28日を1周期とする周期性がみられる．このような性に伴う周期性を性周期という．女性の卵形成はおもにホルモンによって調節されている．

11.4 自律神経系と内分泌系による調節

（1） 血糖量の調節

血液中のグルコース濃度を血糖という．ヒトでは，約0.1％（1 mg／1 ml）に保たれており，自律神経とホルモンによって調節されている．

消化管から多量のグルコースを吸収し高血糖となると膵臓のランゲルハンス島の β 細胞に直接，あるいは視床下部（糖調節中枢）が感知し，これが副交感神経によって膵臓のランゲルハンス島の β 細胞に伝えられインスリンが分泌される．このインスリンの作用によって血糖は低下する．逆に，運動したり，食事をしなかったりして血糖量（血糖値）が低

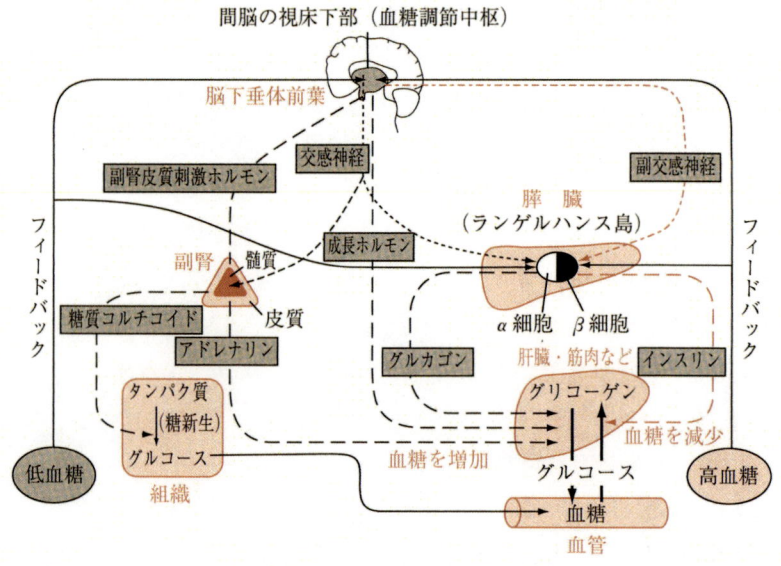

図11.4 血糖量調節のしくみ

―――▶：ホルモンによる作用（減少）　―――▶：ホルモンによる作用（増加）
………▶：自律神経による作用（減少）　………▶：自律神経による作用（増加）

下すると膵臓のランゲルハンス島のα細胞に直接，あるいは視床下部（糖調節中枢）が感知し，これが交感神経によって副腎髄質および膵臓のランゲルハンス島のα細胞に伝えられ，副腎髄質からアドレナリンが，α細胞からグルカゴンが分泌される．このアドレナリンおよびグルカゴンの作用によって血糖は増加して正常に戻る．血糖の調節は，このほかにも副腎皮質から分泌される糖質コルチコイド，脳下垂体前葉からの成長ホルモンなどによる補助的経路によっても調節されている（図11.4）．

（2） 体温の調節

肝臓での代謝や筋肉運動の結果，多量の熱が放出されるが，一方で熱は皮膚や呼気から失われている．しかし，これを衣服を着ることなどで防ぎ，ヒトの体温は，つねに約36.5℃に保たれている．

体温の調節は，穏和な気温や軽度の運動時には血管の拡張と収縮で行われる．寒暑刺激が視床下部（体温調節中枢）から延髄（血管運動中枢）に伝えられ血管が拡張（放熱）あるいは収縮（保温）する．より低温時では，代謝を促進して熱を発生させる．このときは，視床下部からの刺激が交感神経によって副腎髄質に伝えられアドレナリンが分泌され，それによって心臓拍動が促進され代謝が促進される．また，視床下部から

図 11.5 体温調節のしくみ

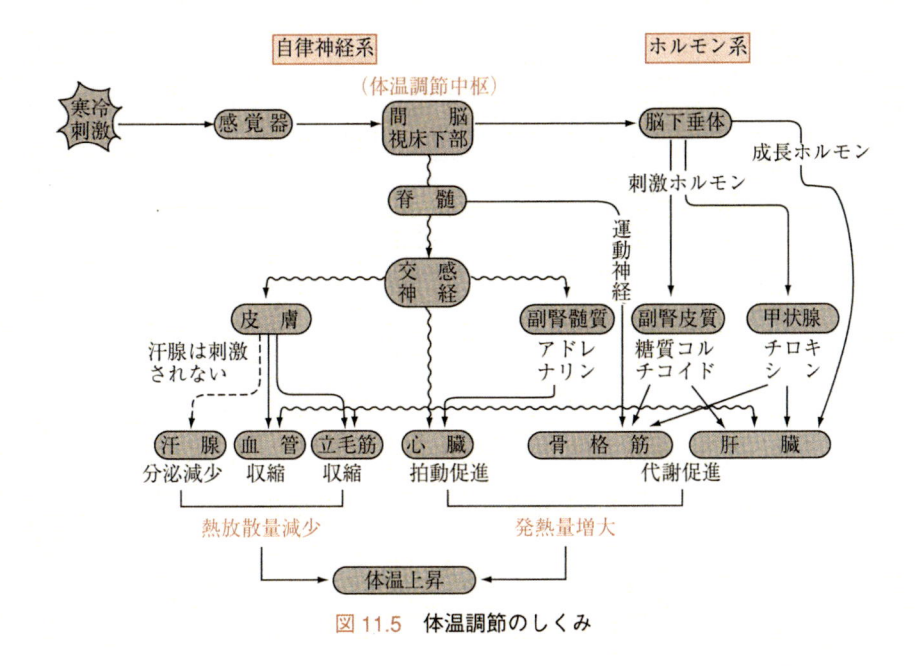

　刺激が脳下垂体前葉に伝えられ副腎皮質刺激ホルモン，甲状腺刺激ホルモンが分泌され，それにより副腎皮質から糖質コルチコイド，甲状腺からチロキシンが分泌されて，それにより代謝が促進される．一方，熱の放出量を減少させるしくみもある．このしくみは，視床下部から刺激が交感神経によって皮膚に伝えられ血管を収縮させ，立毛筋を収縮させることによって熱放射量を減少させる．激しい運動と高温時には，おもに発汗による放熱によって調節される．このときは，視床下部（体温調節中枢）から刺激が脊髄（発汗中枢）に伝わり，さらに交感神経によって皮膚に伝えられ汗腺を刺激して発汗を促進する（図 11.5）．

章末問題

問題 1 生体の恒常性維持には内分泌系と神経系が深くかかわっているが，作用の仕方は違っている．どのように異なっているか．

問題 2 視床下部と脳下垂体の働きは，内分泌腺の働きにどのような影響を及ぼしているか．

問題 3 ある種の糖尿病患者は，医師の指示により血糖値を下げる目的でインスリンを注射することがある．医師より"インスリンを注射するときにはキャンディーをなめなさい"と指示された．その理由を考えてみよ．

12 生命を守る働き(2)

生体防御機構——免疫

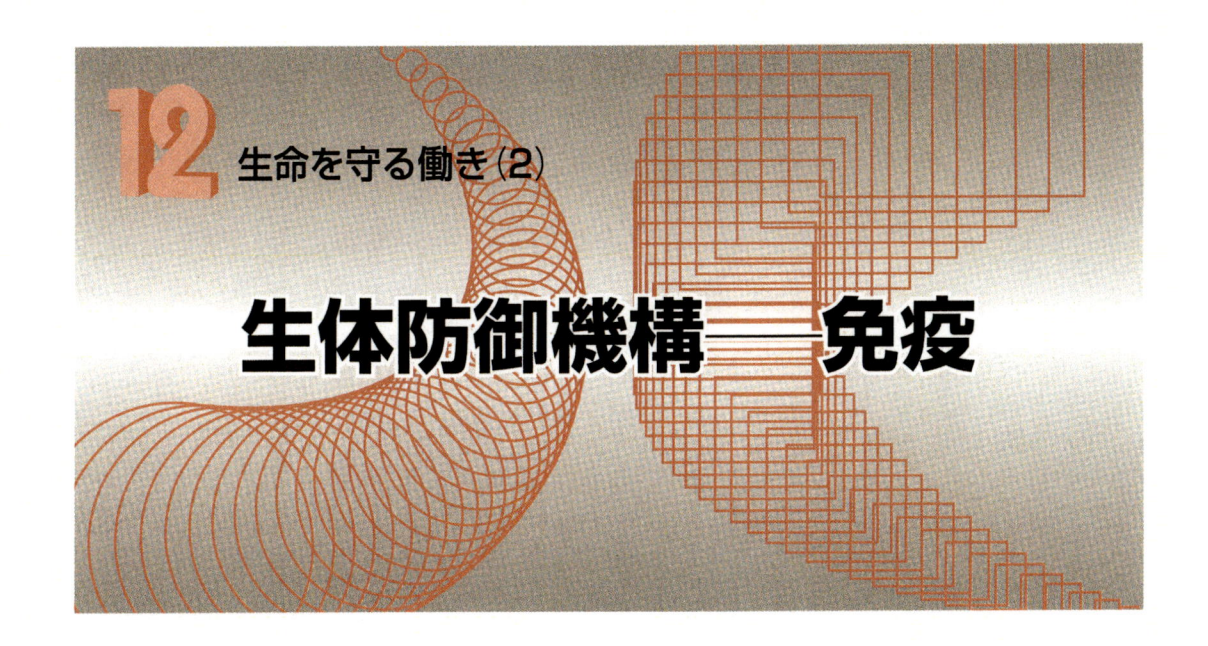

　ヒトやマウスといった生物の個体（生体）は生きてゆくうえで，その生存を脅かす多くの因子にさらされている．たとえば，呼吸や食物によって生体内に取り込まれる感染性微生物，刺傷口より侵入する毒素・感染性微生物，また自己の生体内で発生するがん細胞や老廃した赤血球などは，生体にとって不都合な存在である．これら生体にとって有害なものを適切に処理して生体を守ろうとする機構が生体防御機構である．

　生体防御機構は，大別すると二つに分けられる．一つは，一般的な異物・微生物などの侵入物に対する無差別（非特異的）な排除で，生体防御の最初の段階で働く．皮膚や粘膜における異物の侵入阻止，分泌液に含まれるリゾチームという酵素による溶菌，胃酸や腸内細菌などによる微生物の増殖抑制などがこれにあたり，自然抵抗性ともいわれる．また，貪食細胞（好中球，単球・マクロファージというような白血球に属する細胞．食細胞）が関与する初期段階の免疫反応も非特異的生体防御機構である．この自然抵抗性のバリアーを突破した微生物やウイルス，そのほかの有害因子（これら生体にとって異物である有害物質を"抗原"という）に対しては，それぞれに特異的に反応するリンパ球や抗体を産生して生体を防御する．このような特異的防御機構を免疫系という．

12.1 免疫系

　免疫は，"自分と自分以外（非自己）のものである異物を明確に区別

して働く"のが特徴で，この免疫のおかげで，われわれは多くの感染症から未然に守られている．免疫系は，神経系，内分泌系とともに生体の恒常性を維持し生命を守るために脊椎動物が備える重要な機能である．

12.2 免疫を担っている細胞とその機能

免疫を担っている細胞は，骨髄中にある幹細胞とよばれる細胞から分化したリンパ球と単球・マクロファージがあり，これらは血液中をはじめ，体のいたるところに分布している．免疫系の主体となるおもなリンパ球としては，Tリンパ球（T細胞）とBリンパ球（B細胞）がある．骨髄の幹細胞が，血流にのって胸腺（thymus）に移動し，胸腺内で分化・増殖・成熟するとTリンパ球（T細胞）となる．T細胞は，その機能によって，ヘルパーT細胞（キラーT細胞およびB細胞の抗体産生を促す），キラーT細胞（細胞傷害性T細胞ともいわれ，細胞を傷害する因子を放出してウイルスに感染した細胞やがん細胞などを破壊する）およびサプレッサーT細胞（抑制T細胞ともいわれ，B細胞やほかのT細胞の機能を抑制する）の三つのグループに分けられる（図12.1）．骨髄の幹細胞が，そのまま骨髄（bone marrow）内で分化・増殖・成熟するとBリンパ球(B細胞)となる．B細胞はヘルパーT細胞の刺激によってその細胞内に多量の抗体を産生する．抗体で大きく膨らんだ細胞を形質細胞という．抗体はやがて細胞外に放出されて抗原の排除に働く．

単球とマクロファージは同一の細胞で，血液中では球形の単球として存在するが，組織（リンパ組織，肝臓など）に入ると不定形のマクロファージに分化して，循環することなく組織に定着する．免疫系は，こ

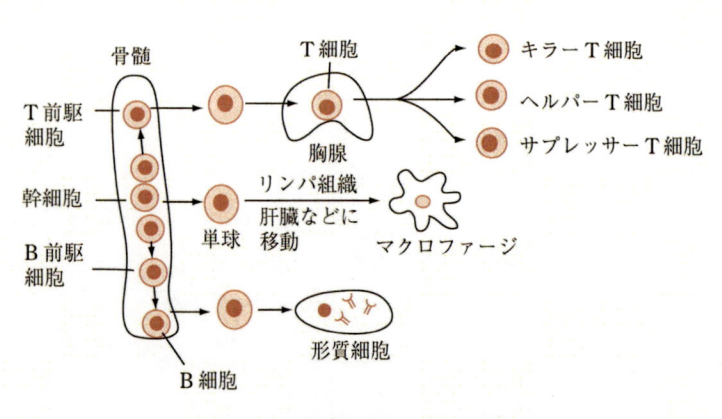

図 12.1 免疫を担っている細胞
すべて骨髄の幹細胞から分化してできる．

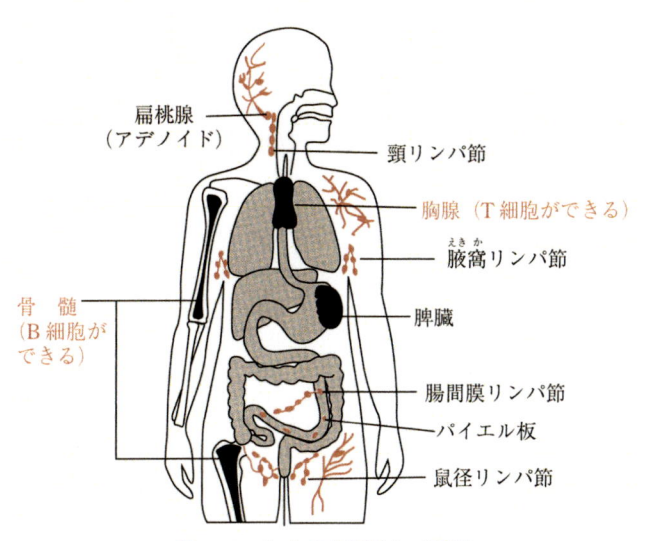

図 12.2　ヒトの主要リンパ器官
赤字は中枢リンパ系（一次リンパ器官），黒字は末梢リンパ系（二次リンパ器官）を示す．

れらの免疫担当細胞が互いに情報を交換しながら密接な連携プレーによって行われている生体防御機構である．

通常，B細胞とT細胞は数か月から数年の間生存し，血液とリンパ組織を循環し続ける．免疫に関与する組織（リンパ系組織）には，骨髄や胸腺のような中枢リンパ系組織（一次リンパ器官）と，脾臓やリンパ節のような末梢リンパ系組織（二次リンパ器官）がある（図12.2）．

12.3　免疫系の作用機構

免疫系には，異物に対して特異的に反応する抗体とよばれる分子をBリンパ球（B細胞）が産生し，この抗体が抗原と特異的に結合して抗原を排除する体液性免疫と抗体の関与がなく，Tリンパ球（T細胞）が中心となって直接抗原を排除する細胞性免疫がある．

免疫系の反応は，図12.3に示したように，体内に侵入してきた微生物やウイルスなどの抗原を非自己と認識することから始まる．そして，まず最初にマクロファージが抗原を捕食し，マクロファージ内で分解し，その抗原の情報（抗原の特徴）をヘルパーT細胞に伝達する．ヘルパーT細胞は，その情報をもとにしてキラーT細胞に抗原の情報を伝えるとともに，特定のB細胞を刺激してB細胞の抗体産生を促す．ヘルパーT細胞より情報を受け取ったキラーT細胞は，情報に従ってその抗原を特

第 12 章 生体防御機構

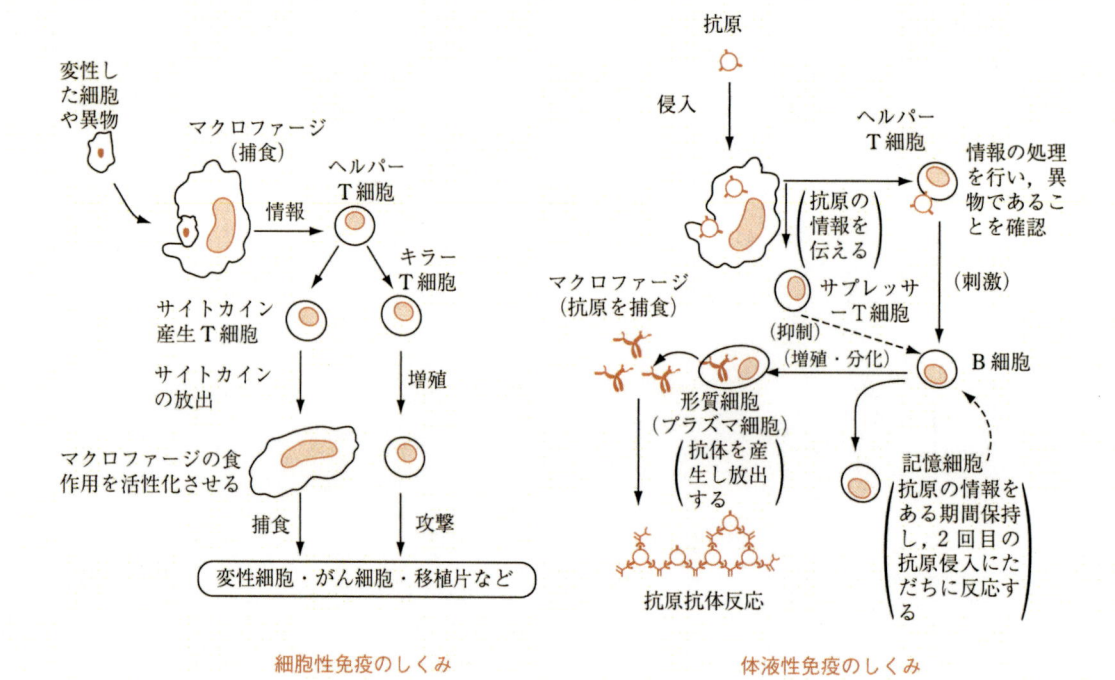

図 12.3　免疫のしくみ

細胞性免疫のしくみ / 体液性免疫のしくみ

サイトカイン

T細胞は，抗原刺激を受けると，様々な生理活性をもったタンパク性因子を産生する．リンパ球がつくる活性因子をリンホカイン，単球 (monocyte) がつくる活性因子をモノカインとよぶ．そのほか，種々の細胞が産生する因子を含めて，これらをサイトカインと総称する．代表的なサイトカインとしてインターロイキン (IL) 類，TNF (腫瘍阻止因子)，インターフェロン (IFN)，CFS (コロニー刺激因子) などがある．

異的に傷害する因子を細胞表面に産生して，抗原を直接攻撃して破壊する．一方，ヘルパーT細胞より抗原の情報を受け取ったB細胞は，細胞内に多量の抗体（免疫グロブリン）を産生する．多量の抗体を産生して細胞内にもっている大きく膨らんだ形質細胞は，この抗体を放出し，放出された抗体は抗原と結合して抗原を排除する(抗原抗体反応)．このとき，一つの抗体がどの抗原にも働くわけではなく，抗原と抗体は特異的に反応する．すなわち，抗原に対応して，その抗原と特異的に反応する抗体が産生され，分泌されるのである．抗体と結合した抗原，すなわち抗原・抗体複合体は，さらに種々の細胞（マクロファージなど）に働きかけて凝集・沈殿・溶解して除去される．また，必要な量の抗体が産生されると，サプレッサーT細胞がB細胞を抑制し，抗体をつくりすぎないように調整している．

また，B細胞とT細胞は，一度侵入してきた抗原を記憶することができる．すなわち，B細胞とT細胞の一部は記憶細胞となり，ふたたび同じ抗原が体内に侵入すると，すみやかにしかも大量の抗体がつくられ，一度目より強い抗原抗体反応が起こり，敏速に抗原を排除することができる（図12.4）．

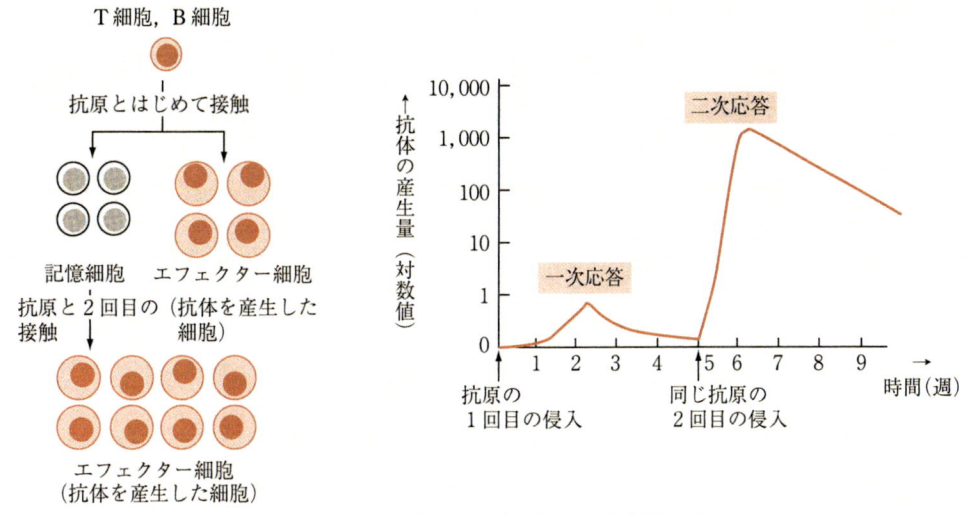

図 12.4　抗体産生の一次応答と二次応答

12.4　抗原と抗体の定義

　ある物質が"抗原"となる第一の条件は，生体に本来存在しない異物であること，すなわち"非自己なるもの"であること．そして第二の条件は，タンパク質，多糖体，脂質およびその複合体などで，分子量1000以上の高分子の物質であることである．細菌やウイルスなどはこの条件を満たしており，本来生体内に存在しない細菌やウイルスが体内に侵入するとただちに免疫系が作動するのである．

　B細胞によって産生される抗体は，対応する抗原と特異的に結合してその抗原を排除する機能を有するタンパク質である．抗体は，血清中のグロブリンというタンパク質に属することから免疫グロブリン

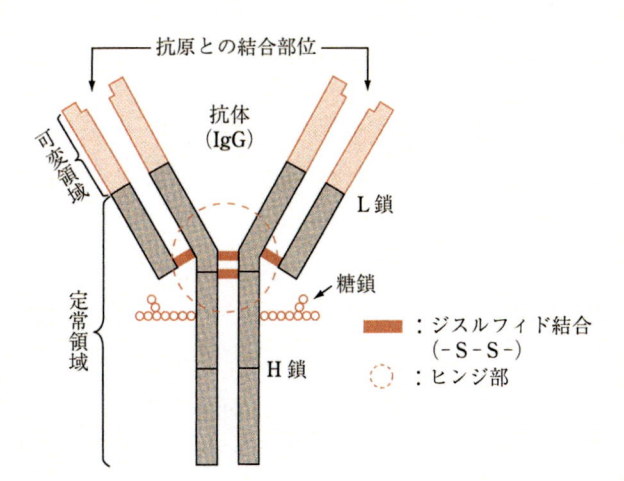

図 12.5　典型的な抗体分子 IgG の模式図
同一な2本の重鎖(H鎖)と同一な2本の軽鎖(L鎖)から構成されている．抗原結合部位はL鎖とH鎖のアミノ末端領域が複合して形成しており，尾部はH鎖のみでできている．各H鎖には1個以上の糖鎖が結合しているが，その機能は不明である．

表12.1　ヒトの主要な免疫グロブリンの種類と性質

種　類	IgG	IgA	IgM	IgD	IgE
全血清 Ig 中の割合（%）	80	10～15	5～10	1	0.002
分　子　量	150,000　　モノマー	150,000 ～ 350,000　　モノマー, 二量体, 多量体	900,000　　五量体	180,000　　モノマー	200,000　　モノマー
機　能　性　状	体液性免疫の中心となる抗体 細菌・真菌・ウイルス・毒素に対抗する抗体	涙・唾液・腸液や母乳中に分泌され呼吸器や腸管粘膜での感染防止や食物アレルギーを防止	一次応答で感染初期に現れる	B細胞分化の過程でB細胞表面に現れる	アレルギーを起こす抗体（肥満細胞や好塩基球表面に結合）

(immunoglobulin, Ig) とよばれる．抗体の基本構造は, 2本のH鎖 (heavy chain, 構成アミノ酸は約440で分子量は50,000～75,000) と2本のL鎖 (light chain, 構成アミノ酸は約220で分子量は約23,000) の4本のポリペプチド鎖からなり, 全体としてY字型をしている．抗体には, 体液性免疫において中心的な働きをする IgG のほかに, 分子量や機能の異なる IgE, IgA, IgM, IgD がある．IgE は, 量は少ないがアレルギー反応を引き起こす中心的な抗体として知られている (図 12.5, 表 12.1).

12.5　免疫と疾患

　生体内で行われている実に見事な連携プレーによる免疫系の働きによって, われわれの生命は守られている．そして, 決定的な治療法がない難病とよばれているものの多くは, 免疫系の異常によるものが多い．たとえば, "自己と非自己の見分けがつかなくなった" とき（自己免疫・免疫寛容), 何らかの原因で "免疫がまったく働かなくなった" とき（免疫不全), "免疫反応が生体にとって都合の悪い方向に働いた" とき（アレルギー）などである．

（1）自己免疫・免疫寛容

自己と非自己の見分けがつかなくなって自己を攻撃してしまうと，自己免疫疾患を引き起こす．逆に，自己と非自己の見分けがつかなくなって非自己を受け入れてしまうことを免疫寛容という．自己免疫疾患としては，体中の正常細胞の核に抗体をつくってしまう全身性エリテマトーデスや，筋肉細胞のアセチルコリン受容体に対する抗体ができて受容体を塞いでしまうために神経細胞からの情報伝達ができなくなってしまう重症筋無力症，さらには自分を守るための抗体に対して抗体をつくってしまうリウマチなどがある．免疫寛容の例は，がん細胞が非自己化した細胞であるにもかかわらず受け入れられ生体内で増殖を続けることである．

（2）免疫不全

病原微生物やウイルスが侵入しても正常な免疫機能が働かず，抵抗力が著しく低下する免疫不全には，先天性免疫不全と後天性免疫不全がある．前者は，先天的に抗体タンパク質であるグロブリンをつくる遺伝子が欠損している無グロブリン症や，免疫系の重要な器官である胸腺に異常があるために免疫が働かない免疫不全などがある．後者は，生後にな

コラム　AIDS（後天性免疫不全症候群）

AIDS は acquired immunodeficiency syndrome の頭字語で，日本語ではエイズと略称されるが，正式には後天性免疫不全症候群である．エイズは，エイズウイルス（ヒト免疫不全ウイルス：HIV, human immunodeficiency virus）によって引き起こされる．エイズウイルスは，分類学的にはレトロウイルス科に属するRNAウイルスであるが，ウイルスRNAゲノムをウイルスDNAに転写するいわゆる逆転写酵素を含んでいる．レトロウイルスの名は，"逆転写"を意味する．逆転写されたウイルスDNAは宿主染色体に組み込まれ宿主のDNAといっしょに複製される．エイズウイルスは，免疫系T細胞（Tリンパ球）を破壊し，中枢神経系内の細胞に感染する．また，感染した母親から新生児へ伝播される．エイズは，はじめ同性愛者や非加熱性輸血製剤の使用者の間で発症したが，後に世界に広まった．ほとんどの感染は性的伝播，汚染注射針の使用，母親から胎児への伝播に原因している．

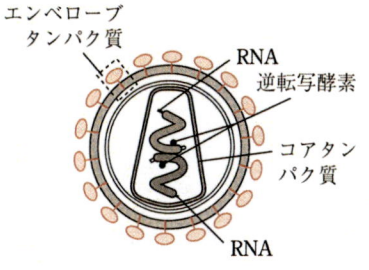

ヒトエイズウイルス（HIV）

んらかの原因で免疫が働かなくなったもので，ウイルス感染による AIDS（エイズ）や成人T細胞白血病などがある．AIDS は，後天性免疫不全症候群（aquired immunodeficiency syndrome）の頭文字をとったもので，ヒト免疫不全ウイルス（human imunodeficiency virus：HIV）の感染によりTリンパ球が機能しなくなるために起こる免疫不全である．

（3） アレルギー

アレルギー反応は，体内に侵入する異物に対して起こる抗原抗体反応が必要以上に過敏に起こるときに現れる．アレルギー反応は，大別して即時型アレルギー（即時型過敏症）と遅延型アレルギー（遅延型過敏症）に分類される．即時型アレルギー反応には，抗体の一つである IgE という免疫グロブリン，肥満細胞（血液中の好塩基球が組織内にでたもの），好塩基球（骨髄の幹細胞が分化した顆粒白血球の一種）が関与している（図 12.6）．

体内に侵入した抗原をマクロファージが捕食し，抗原の情報をヘルパーT細胞に提示し，ヘルパーT細胞はB細胞に抗原の情報を伝達する．抗原の情報を受け取ったB細胞は形質細胞に分化し，対応する IgE 抗体をつくりだす．この IgE 抗体は，皮膚や粘膜の組織中にある肥満細胞の膜表面に結合する．2回目に同じ抗原が侵入すると，肥満細胞膜表面の

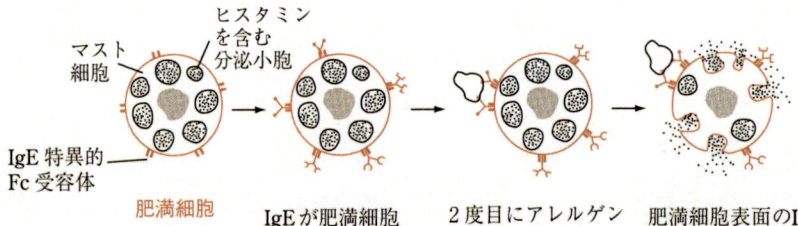

最初に侵入してきたアレルゲンにより，形質細胞で IgE がつくられ，放出される．

形質細胞

マスト細胞
ヒスタミンを含む分泌小胞
IgE 特異的 Fc 受容体
肥満細胞

IgE が肥満細胞の膜表面に結合する．

2度目にアレルゲンが侵入する．

肥満細胞表面の IgE にアレルゲンが結合すると分泌小胞内に含まれるヒスタミンなどの化学物質が遊離し，アレルギー症状（ぜんそく，湿疹など）が引き起こされる．

☆：アレルゲン（アレルギー反応を引き起こす物質）
Y：IgE（免疫グロブリン）

図 12.6 アレルギー反応（即時型）のしくみ

IgEに抗原が結合し，肥満細胞内の顆粒が崩壊してヒスタミン・セロトニン・プロスタグランジン・ロイコトリエンなどの化学伝達物質が遊離し，そのまわりの血管平滑筋の拡張により透過性を亢進，粘液分泌の亢進などを引き起こす．その結果として，くしゃみ・鼻水・かゆみなどのアレルギー症状を生じる．一般に，アレルギー反応を引き起こす物質（抗原）をアレルゲンといい，花粉，ハウスダストなどがあげられるが，卵，ミルク，魚，穀物などの食品がアレルゲンとなることもある．

　アナフィラキシーは全身的なアレルギー反応で，ペニシリンのような薬物やハチ毒などにより起こる．肥満細胞や好塩基球から遊離した化学伝達物質が全身の血管を拡張し，血管の透過性を高め，血圧の低下をきたし，死に至ることもある．

　遅延型アレルギー反応は，抗原とそれに特異的なT細胞が関与する細胞性免疫反応で，発症するまでに数日の期間がある．たとえばツベルクリン反応の場合，結核菌（抗原）に感作された上皮細胞に，同じ抗原すなわち結核菌が侵入すると，その抗原をT細胞が攻撃し種々の化学伝達物質（サイトカイン）を産生・放出して炎症に関与するほかの細胞（マクロファージなど）を活性化する．その結果として，抗原の侵入部位で，血管の透過性が上昇したり，炎症を引き起こし組織の破壊をきたすのである．遅延性アレルギー反応の原因となる抗原としては，結核菌などの

コラム　　　　輸血反応

　輸血も臓器移植の一つといえる．臓器移植と同じように，血液を提供する人を供血者（ドナー）といい，血液を受ける人を受血者（レシピエント）という．血液型が同じであれば，供血者は受血者に血液を提供し輸血をすることができる．たとえば，A型の供血者はほかのA型の受血者に輸血でき，輸血反応は起こらない．

　A型の供血者からB型の受血者に輸血されると，輸血反応が起こる．この現象は，B型の受血者がα凝集素をもち，A凝集原との間で抗原抗体反応が起こり，赤血球が凝集するためである．

　O型の人の赤血球はA凝集原とB凝集原を含まないので，受血者のα凝集素あるいはβ凝集素と反応しないため，O型の人は輸血反応を起こすことなく，いずれのABO血液型の人に供血できる．一方，AB型の人は血漿中にα凝集素とβ凝集素の双方を含まないので，供血者のA凝集原あるいはB凝集原と反応しないことから，AB型の人は輸血反応を起こすことなく，いずれのABO血液型の人から受血することができる．しかし，このような異型の血液型間での輸血は，受血者の生死にかかわる緊急のとき以外は，行われない．

微生物のほかに金属，繊維，ウルシ毒などが知られ，その代表的な症状としては接触性皮膚炎（皮膚のかぶれ）がよく知られている．

（4） 臓器移植における拒絶反応

ヒトにおいてある臓器がなんらかの原因で機能しなくなったとき正常な臓器の移植が行われる．臓器移植の形態としては，以前から行われている心停止した個体からの腎臓や角膜の移植，最近行われるようになった生体から摘出した肝臓・肺・小腸などの一部を移植する生体部分移植，そして脳死個体から心臓・肺・肝臓・腎臓・小腸・角膜・皮膚などの移植がある．この場合，臓器を提供する個体をドナー，移植を受ける個体をレシピエントという．レシピエントは，移植された組織・臓器を抗原物質と認識して破壊し除去するいわゆる拒絶反応を示す．

このように移植された臓器を他人のものと認識できるのは，ヒトの細胞表面にはヒトそれぞれに特有のタンパク質があり，これが自己と非自己を見分けるマークになっているからである．このマークとなるタンパク質を主要組織適合抗原（MHC抗原，ヒトの場合ヒトリンパ球抗原：HLAが重要視されている）という．すなわち，MHC抗原が一致すれば自己，不一致であれば非自己と認識し拒絶反応を引き起こす．このMHC抗原は遺伝子によって規定されており，したがって移植臓器がレシピエントで生着するか拒絶されるかは，遺伝的関係で決まる．

臓器移植を成功させるためには，この拒絶反応という免疫反応をいかに封じ込めるかにかかっている．最近では，シクロスポリン，タクロリムスなどの免疫抑制剤（免疫反応を抑える医薬品）が拒絶反応をおさえるのに有効とされている．

章末問題

問題1 ヒトは子どものときに「はしか」や「風疹」にかかると，二度と同じ病気にはかからないか，軽くてすむ．その理由を考えてみよ．

問題2 実験に使用される動物に「ヌードマウス」という動物がいる．その特徴は，皮膚表面に体毛がなく，先天的に胸腺がないことである．このヌードマウスの皮下に「ヒトのがん細胞」を移植すると，拒絶反応が起こらずがん細胞は増殖した．その理由を考えてみよ．

問題3 ある種の細菌やウイルスによる伝染病の予防にワクチン接種が有効である．ワクチンとはどのようなものか．またワクチンが伝染病の予防に有効な理由は何か．調べてみよ．

13 ポストゲノムの生物学

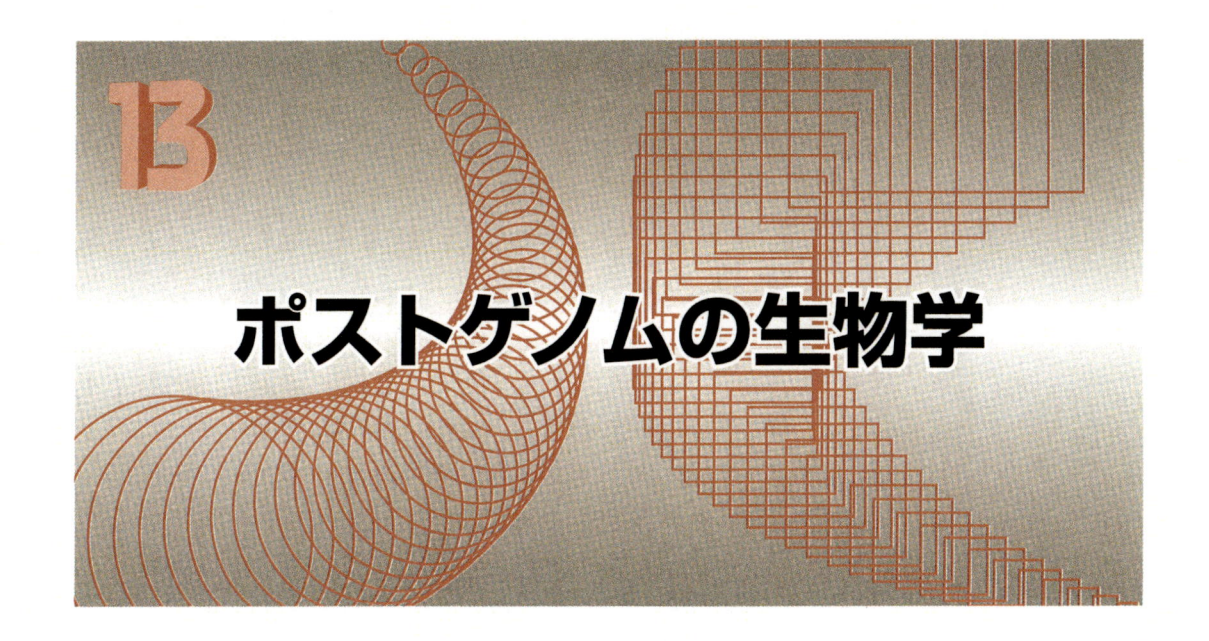

　20世紀末，ついにヒトの遺伝子のほとんどすべての塩基配列が明らかにされた．それらの遺伝子がどのような働きをしているのだろうか．それを明らかにするためにさらなる努力が続けられている．また，新しくわかった事実を私たちの生活に役立てる技術も次つぎと開発されるだろう．

　この章では，21世紀に大きな発展が期待されている分野について触れることにする．専門的・学術的記述はさけた．これからの生物学に対する興味の源泉となれば幸いである．

13.1　21世紀は"脳の世紀"

　今まで，ブラックボックスといわれてきた脳についていろいろなことがわかってきた．そして，21世紀は"ヒトの脳を究める世紀"ともいわれ，脳機能の解明に取り組もうとしている．なぜヒトの脳が研究のターゲットとして，注目されているのであろうか．

　第一には，2025年ごろには日本人の4人に1人が65歳以上の老人になってしまうという，超高齢化社会を迎えつつある現状がある．アルツハイマー病をはじめとした脳の老化に伴って起こる神経疾患の増加は明白で，その予防と治療の対策は緊急の課題である．第二に，ヒトの脳と同じように学習能力をもち，新しい原理で働く情報処理能力をもったコンピュータを開発しようとする動きが急激に高まっていることがある．

インターネットをはじめとする情報化社会への傾斜がこれに拍車をかけている．

しかし，その基礎となるヒト脳の構造と機能についてはようやく解明され始めたばかりである．ヒトなどの脳神経系が受精卵からどのようにできてくるのだろうか，できあがった脳神経系が外界からの刺激にどのように反応し，どのように記憶され，どのようにして伝達されるのであろうか，このようなことについての分子レベルの研究が，現在活発に行われ，新しい事実が次つぎに明らかにされつつある．ヒト脳の細胞（ニューロン）は10％しか使われていないともいわれる．使われていないとされているニューロンがどうしてそんなに多くあるのか．興味深いことである．こういったことについても，ヒトの遺伝子の全塩基配列が明らかにされたこととあいまって次つぎに明らかにされてくるであろう．

脳の老化に伴う病気とその予防や治療の対策も緊急の課題である．脳の老化と，それに関係する病気としてアルツハイマー病，パーキンソン病などがあげられる．これらの病気は，老化に伴う生理的変化のうえに，何らかの病因が重なっているはずである．この原因を明らかにするために，脳の構造と機能についての組織や細胞のレベルの知識だけでな

コラム　アルツハイマー病

アルツハイマー病の原因に関しては，最近，老人斑の主成分であるβアミロイドタンパク質に神経毒性があり，モノマーでは毒性のないβアミロイドタンパク質が多量体化して毒性を発揮することがわかった．βアミロイドタンパク質は実は多量体化して細胞膜にチャンネルをつくり，その穴を通ってカルシウムが流入し，神経細胞死に至る過程が証明されつつある．そして，環境汚染物質や調理器具からの溶出アルミニウムがこのβアミロイドタンパク質の多量体化を著しく促進することが判明し，アルツハイマー病の発症を促進している可能性が注目され始めた．現在一般に用いられている金属アルミニウムはまだ歴史が浅く，人類が日常に接するようになったのは近代アルミ電解法が開発された1886年以降であり，アルツハイマー（A. Alzheimer）によってはじめてアルツハイマー病の症例が報告されたのは，さらにその20年後の1906年のことである．

1921年に，すでにアルミニウムの神経毒性については報告されており，1942年には脳内投与によっててんかんが生じることが明らかになっていた．さらに1965年，脳内投与によってアルツハイマー神経原繊維変化（NFT）と類似した神経原繊維の変性が生じることが明らかになった．NFTは老人斑，神経細胞の脱落とともにアルツハイマー病の患者脳で顕著な病理所見であり，アルミニウムとアルツハイマー病との関連が注目されるようになった．

く，それを形成している分子のレベルの知識が求められている．
　"脳"の生物学の発展は，人間のいくつかの重大な病気に対しても説明を与えてくれであろう．

13.2　遺伝子診断と遺伝子治療

　人類の疾患には，遺伝性のものや外的因子によって引き起こされた遺伝子異常，すなわちDNA配列の欠失，点変異，転座などによるものが多くある．家族性高コレステロール血症は22対ある常染色体のうち第19番目のものに異常があることがわかっているし，筋肉の力がなくなり，呼吸不全に陥るデュシェンヌ型筋ジストロフィーも遺伝子の欠陥によって起こる．ある種の糖尿病やがんも遺伝子の異常によって発症する．このような病気の原因となる遺伝子異常の有無を突き止め，その予防や治療に役立てるために遺伝子操作の技術が適用できる．遺伝子診断，遺伝子治療である．遺伝子診断では，妊娠中の母親の羊水を採取し，この中にある胎児の細胞や胎盤にある絨毛細胞の染色体の異常の有無を調べる方法は1970年代のはじめごろから行われている．遺伝子診断は，このような出生前の診断だけでなく，成人に対しても応用されようとしている．今日では，DNAを何倍にも増幅させるポリメラーゼ連鎖反応（PCR法：polymerase chain reaction method）の確立によって，ごく微量の細胞，たとえばうがい水中の口内細胞を用いて検出が可能である．

コラム　ゲノム時代の医療

　われわれの姿や形が違うのは，一人一人の遺伝暗号が一部違うからである．一人一人のゲノムの違いは外見や病気のなりやすさの違いを生む．薬の効きかたや副作用の大きな違いにも関係する．今まで"体質"といわれていたものを科学的に説明するのが遺伝暗号の違いである．それぞれの人の遺伝情報をもとに薬の選択や量を決めるようになれば，副作用のない，より効果的な医療が可能になってくるだろう．これが，ゲノム創薬であり，テーラーメイド医療とよばれるものである．

　すなわち，テーラーメイド医療とは，その名のとおり，患者の体質の個人差を考慮して，その人に合う薬，その人に最適な治療を施していくものなのである．1994年のアメリカの統計によると，1年間に薬の副作用で死亡した人数は約10万人，副作用の治療費に約8.4兆円もの医療費が費やされたという．テーラーメイド医療は，患者の遺伝子タイプから有効な薬剤と副作用をもたらす薬剤を見分け，こうした不幸な事例を減少させるだろうと期待されている．

レトロウイルス
DNAではなくRNAをもつウイルス．宿主細胞に侵入してそこで自分のRNAからDNAを合成し（逆転写という），このDNAを宿主細胞のゲノムに組み込むことによって増殖する．組み込まれたウイルスDNAから新しいウイルスRNA分子が大量に合成され，新しいウイルス粒子がつくられる．

ベクター
外からDNA断片を取り込んでそれを受容細胞へと運び込む働きをする遺伝因子．通常はバクテリオファージ（バクテリアを宿主とするウイルス）かプラスミド（ゲノムとは別個に複製する小型のDNA分子）で，遺伝子のクローニングに用いられる．

がんの早期発見や，糖尿病や高コレステロール血症などの発症前診断が可能になるかもしれない．

1990年，米国の国立衛生研究所（NIH）で，世界初の本格的な遺伝子治療が実施された．治療の対象になったのは，アデノシンデアミナーゼ（ADA）という酵素ができないために体の免疫力が失われるADA欠損症にかかった女の子に対してであった．ADAをつくる遺伝子が体外から血液の幹細胞に送り込まれた．幹細胞は赤血球や白血球などさまざまな血液細胞に分化するおおもとの細胞であり，この治療は見事に成功したのである．遺伝子治療には，まず目的とする細胞を患者から取りだし培養増殖させて，これに正常遺伝子を導入して正常化した細胞をふたたび患者の体内に戻す方法と正常遺伝子を直接患者に投与する方法がある．今日では前者が一般的である．遺伝子導入にはレトロウイルスをベクターとして利用する方法が主として採用されている．このレトロウイルス法は多くの動物実験により安全性が高いとされているが，予期しない新しい形質が発現する可能性は否定できない．また遺伝子治療においては，ヒトの遺伝子を人工的に操作することに対する倫理的な問題についても十分な議論が必要である．

わが国では1995年に北海道大学付属病院においてADA欠損症に対してはじめて遺伝子治療が行われた．遺伝子治療は，遺伝性疾患ばかりでなく，がんやエイズの治療への応用を目指して，遺伝子導入の方法や安全性についての研究が行われている．

13.3 植物の遺伝子テクノロジー

植物は，藻類などの単細胞のものから多細胞のものまで地球上に広く分布する．大気中の二酸化炭素は，この緑色植物の光合成により炭水化物に変換される．土の中で腐食した有機物は土壌微生物により分解され植物に取り込まれる．すなわち，植物は地中に根を張り，完全な独立栄養を営む生命体である．

一方，人類はその短い歴史の中で，植物を生存の手段として利用してきた．しかし，18世紀末期以後に始まった産業革命以後，地球の人口は爆発的に増加し，21世紀には，100億にもなろうとしている．また，急激な工業化による地球環境の破壊も進んでいる．

そのような状況に対応して，有用遺伝子を栽培植物に導入し，新しい植物（トランスジェニック植物という）をつくろうとする研究が飛躍的

に発展した．これまで，ある遺伝子を植物から植物へ移すためには，交配という手法が使われてきた．このような遺伝理論に基づいた遺伝子導入法は長い育種の時間を必要とする．一方，バイオテクノロジーを用いた遺伝子導入による植物個体の育成は，短期間で達成できる点で期待が大きく，21世紀へ向けての食料問題，環境問題にどのように対処していくかという，生物学を越えた問題に対する解答の一部を与えてくれるのではないだろうか．過去十数年の間に，世界中で，100種類におよぶ植物に遺伝子が導入され，薬剤抵抗性，除草剤抵抗性，昆虫抵抗性，ウイルス抵抗性，抗菌性，低温耐性，耐塩性植物などがつくられている．このような植物を実際の農業生産の場に用いるためには，トランスジェニック植物が安全であるかどうか，生態系への影響の調査が必要であり，非常に厳しいバイオセーフティ（生物学的安全性）の検討が必要である．

ワクチン
ウイルスや病原体による感染の予防のために用いるもので，病原性を弱めた微生物を含む製剤（弱毒性生ワクチン）や不活性化した微生物を含む製剤（不活化ワクチン）がある．弱毒性生ワクチンは，軽症の感染を引き起こすことにより免疫を賦与し，不活化ワクチンは，ワクチン製剤中に含まれる微生物タンパク質が免疫効果を発揮する．ワクチンを投与することを予防（免疫）接種という．インフルエンザ，ポリオ，日本脳炎などの予防接種，結核予防法によるBCG接種などが行われている．

コラム　食べられるワクチン

さまざまな感染症との長い闘いの中で，ワクチンは奇跡ともいえるような成果を人類にもたらした．致命的な六種類の感染症（ジフテリア・百日咳・小児マヒ・麻疹・破傷風・結核）に対するワクチンを世界中の子供全員に接種しようという世界保健機関（WHO）の戦略が功を奏して，1990年代後半までにこれらのワクチンの幼児への接種率は80％に達し，その結果，これらの感染症による死者の数は年間およそ300万人にまで減少したと推定されている．それでもまだ世界の幼児の20％にはワクチンを届けることすらできない．とくに先進国から離れた貧困地域では深刻な問題となっている．

1990年代のはじめ，テキサスA＆M大学のアーンツェン（Charles J. Arntzen）は，この問題を解決するために，野菜や果樹に遺伝子組換え技術を応用して，食用部分にワクチンの成分があるような組換え作物（野菜や果物）をつくれば，接種が必要なときに食べるだけで目的が達せられる"食べられるワクチン（食物ワクチン）"ができるのではないかと考えた．食物ワクチンとなる組換え作物は，その土地にあった作づけ方法によってどこででも簡単に栽培できるし，その種子をとっておけば毎年収穫が可能である．

コーネル大学ボイス・トンプソン植物研究所では，遺伝子組換えによってつくられたワクチン用の抗原が含まれているバナナとトマトが栽培されている．バナナは，発展途上国の多くの地域で栽培されており，生で食べられるし子供にも人気があるなど食物ワクチンの有力候補である．

このほかにも，ジャガイモ，レタス，米，小麦，大豆，トウモロコシなどが候補になっている．食物ワクチンを実現する取組みは，まだこれからであるが，この10年間に行われた動物実験や小規模な臨床試験では，その成功を予感させる有望な結果が得られている．

組換え DNA 技術の発展はすべての生物を相手とする革命的技術に成長し，20世紀最大の生物学の進歩をもたらした．そしてこの技術は今世紀も，さらに大きな発展をもたらすと考えられる．

13.4　21世紀における新しい医療技術 "再生医療"

　再生医療は，遺伝子治療と並んで21世紀における新しい医療として世界中で期待と注目を集めている．近年の目覚ましい生命科学の進展によって，致命的な臓器不全に陥った患者でも，臓器移植を受ければ生命が助かり健康を回復できるようになった．ただ，患者に適合するドナーが必ず出現するとは限らず，とくに日本でのドナー不足は深刻である．米国では毎年，心臓移植は2,000例以上，肝臓で4,000例以上，腎臓で10,000例以上も移植が行われている．一方，日本では2001年現在，心臓3例，肝臓が240例，腎臓700例前後と少なく，日本の患者は臓器を求めて海外に渡っているのが現状である．移植先進国の欧米でもドナーは必ずしも十分ではなく，このままでは移植受け入れ国側の反発も高まりかねない．さらに移植を受けた患者は，拒絶反応を防ぐために免疫抑制剤を飲み続けなければならず，生活上の不便さや副作用の心配も大きい．金属やプラスチックなどを用いた"人工臓器"も実用化されているが，満足のいく結果を生んでいるとはいえない．

　そこで浮上してきたのが，"再生医療"という考え方である．人体がもともともっている再生能力をうまく引きだしてやれば，これまで不可能と思われていた組織や臓器の再生ができるはずである．では，再生医療とは何か．骨髄移植に代表される細胞治療の分野で，いわゆる幹細胞のもつ可塑性（いろいろな細胞に変わりうる性質）を期待する治療である．幹細胞には，胚性幹細胞（ES細胞），体性幹細胞，間葉系幹細胞，骨髄幹細胞などさまざまなものがあるが，再生医療のための移植細胞として高い可能性を有しているのがES細胞である．ES細胞は，受精卵から分化して生じた初期胚（胚盤胞）の内部細胞を取りだし，試験管内で培養したもので，それを胚盤胞にもどすことによりふたたび個体を発生させることができるが，一方で試験管内でさまざまな体性幹細胞さらに体細胞へ分化する性質をもっている（万能細胞ともよばれる）．疾患患者由来の体細胞の核をES細胞に移植することにより，患者と同一の遺伝子型をもつES細胞を作製することが理論的に可能である．このES細胞を増やして，治療に使える組織や器官に分化誘導を行えば，その組織や器

官の細胞は患者とまったく同じ遺伝子型をもっていることになる．したがって，移植の際に障害となる拒絶反応を避けることができる．

ただし，この方法にも問題点はある．たとえば，成長や老化の過程で，ヒトの体細胞のDNAは多くの傷害を蓄積していることが考えられ，その体細胞の核を移植するに際しては，安全性について十分な検討が必要であろう．また，ES細胞株を樹立するためには初期胚を利用するため，その取扱いに関してはとくに慎重でなければならない．

この技術の実用化の現状については，皮膚，軟骨の実用化がわが国で近々始まる．血管新生誘導療法，心筋前駆細胞移植，神経幹細胞移植などの細胞移植療法や再生誘導遺伝子治療は，臓器不全などの難病に対する新しい治療法として，近い将来の実用化が期待されている．腎臓，肝臓，心臓などの立体臓器の再生はまだ先であるが，21世紀中の実現も夢ではない．

再生医療は，国民の医療・健康・福祉のために，また日本の産業のためにも非常に重要な分野であり，とくに患者数の多い動脈硬化，高血圧，心筋梗塞，脳血管障害などの循環器・血管系の生活習慣病に対する再生治療法の実用化は，国民の健康の増進のための緊急の課題でもある．

生物学には，このほかにも，めざましい発展の途中にあるいろいろな分野がある．たとえば，"発生"の分野では，生き物がどのようにしてその形をつくっていくのかが解かれようとしている．人間にとって宿命的な病気と考えられてきた"がん"は，がん遺伝子の発見によって，その謎が明らかにされようとしているし，さらにがん抑制遺伝子の発見によって新しいがん治療法の開発の可能性も見えてきている．細胞の"老化と死"の克服は人間の永年の夢であるが，これらの現象にすら遺伝子が働いていることがわかってきた．"免疫"はわれわれの体の防御機構であり，この機構なしにはわれわれは生きてはいけない．しかし，この機構の働きが狂うと，自己免疫病になったり，最近多くの人びとを悩ましている花粉症になったりする．これらの病気も分子生物学がさらに進歩すればその治療に光明が見えてくるのではないだろうか．

生物学のこのような発展の速さはほかの学問では考えられないくらいであろう．

参考図書

1) J. D. Watson 著, 中村桂子, 藤山秋佐夫ほか 監訳, 『細胞の分子生物学（第3版）』, ニュートンプレス（1995）.
2) 黒田洋一郎, 馬淵一誠 編,〈21世紀学問のすすめ 7〉『生物学のすすめ』, 筑摩書房（1997）.
3) 小林静子, 谷 學, 山川敏郎 編, 『ファーマコバイオサイエンス —— 薬学生のための生物学（第3版）』, 廣川書店（1996）.
4) 岡田光太郎, 福田哲也, 鈴木康宣, 内田桂吉 著, 『生命のすがた』, 開成出版（1993）.
5) 中村 運 著, 『生命科学』, 化学同人（1996）.
6) 中村 運 著, 『生物学の基礎』, 培風館（1984）.
7) 『日経サイエンス』, 2000. 01, 2000. 09, 2001. 08, 2002. 01, 日経サイエンス社.
8) A. L. Lehninger ほか 著, 山科郁男 監修, 川嵜敏祐 編, 『レーニンジャーの新生化学（第2版）（上・下）』, 廣川書店（1993）.
9) B. Alberts ほか 著, 中村桂子, 藤山秋佐夫, 松原謙一 監訳, 『Essential 細胞生物学』, 南江堂（1998）.
10) 堺 章 監修, 『目でみるからだのつくり』, 武田薬品工業（1993）.
11) 学校法人医学アカデミー 薬学ゼミナール 編,〈薬剤師国家試験対策参考書〉『基礎薬学Ⅱ —— 生体の構造と機能』, 瑞穂（1999）.
12) 水野丈夫, 原 襄, 石川 統ほか 著, 『生物ⅠB』, 東京書籍（1998）.
13) 水野丈夫, 辻 英夫ほか 著, 『新編 生物ⅠB』, 東京書籍（1999）.
14) 水野丈夫, 岩槻邦男, 重井陸夫ほか 著, 『生物Ⅱ』, 東京書籍（1995）.
15) 水野丈夫ほか 著, 『ビジュアルワイド 図説生物』, 東京書籍（2000）.
16) 小林 弘 著,〈チャート式シリーズ〉『新生物ⅠB・Ⅱ』, 数研出版（1995）.

索引

【あ】

IgE	121
IgG	117
アクチン	16
亜硝酸菌	52
アスパラギン	18, 70
——酸	18, 70
アセチルコリン	105
アセチル CoA	47, 49
アデニン	30
アデノシン三リン酸（ATP も参照）	5, 33
アデノシンデアミナーゼ	126
アドレナリン	105, 110
アナフィラキシー	121
アフリカツメガエル	98
アポトーシス	99
アミノ基	17
アミノ酸	17, 45, 52
——の構造	18
——の種類	18
必須——	19
アミラーゼ	37, 44
アミロース	28
アミロペクチン	28
アラニン	18, 70
RNA	5, 30
——の構造	32
——ポリメラーゼ	68
運搬——（tRNA も参照）	6
伝令——（mRNA も参照）	5
リボソーム——（rRNA）	5, 62
アルギニン	18, 70
アルコール発酵	51
アルツハイマー病	123, 124
α-アミノ酸	17
アルブミン	103
アレルギー反応のしくみ	120
アレルゲン	121
アンチコドン	68, 70
暗反応	41
アンモニア	52
ES 細胞	128
異化	43, 44
維管束形成層	12
異型	57
イソメラーゼ	38
イソロイシン	18, 70
一遺伝子雑種	54, 55
一倍体	79
遺伝	63
——形質	53, 66
——のしくみ	55
遺伝暗号	70
遺伝子	72, 125, 126
——型	55
——診断	61, 125
——数	61
——治療	125, 126
——の転写調節	71
イモリ卵の割球分離の実験	94
インスリン	20, 71
インターフェロン	116
インターロイキン	116
イントロン	60, 61, 67
インフルエンザウイルス	7
ウイルス	7, 120
食べられる——	127
レトロ——	126
ウニ卵の割球分離の実験	94
ウラシル	30
ウリジン三リン酸（UTP）	51
AIDS	119, 120
永久組織	12
エイズ（AIDS）	119, 120
栄養素の消化過程	45
エキソン	61, 67
液胞	7
S 期	77
エストラジオール	24
エタノール	51
X 染色体	56
HIV	119, 120
H 鎖	118
ADA 欠損症	126
ATP	5, 33, 43, 46, 48, 50, 51
NADPH	40
N 末端	19
エネルギー代謝	35
エフェクター細胞	117
mRNA	5, 62, 68
前駆体——	66
M 期	78
L 鎖	118
延髄	103
エンドウマメ	53, 55
横紋筋	10
オーガナイザー（形成体）	96
オータコイド	101
オキサロ酢酸	47, 48, 52
オゾン層	75
オペロン説	71
オリゴ糖	27
オルガネラ（細胞小器官）	3
オルトリン酸	30
オレイン酸	23

【か】

介在配列	67
解糖	44, 45, 47
外胚葉	88
灰白質	103
カエルの発生	89
鍵と鍵穴説	36, 37
核	4, 5
——移植実験	99
核酸	5, 15, 29, 60
核小体（仁）	5
核様体	1
加水分解酵素	38
家族性高コレステロール血症	125
カタラーゼ	37
割球分離の実験	94, 95
活性酢酸	47
活性部位	36
カドヘリン	97
鎌形赤血球	21
β-ガラクトシダーゼ	72
カルシウムイオン	38, 109
カルビン（Calvin）	40
——-ベンソン（Benson）回路	40
カルボキシル基	17
β-カロテン	40
がん	75, 126
間期	78
環状 AMP	33
感染症	114
間脳	103
キイロショウジョウバエ	56
器官形成	91
基質特異性	36
キメラマウスの作製	95
逆転写	126
胸腺	114
極性基	23
拒絶反応	122
キラー T 細胞	114
筋原繊維	10
筋繊維	10
筋肉組織	10
グアニン	30
グアノシン三リン酸（GTP）	48
クエン酸回路	44, 47, 49
クシクラゲ卵の割球分離の実験	95
組換え修復	76
グラナ	42
グリア細胞	10
グリコーゲン	28, 51
グリコシド結合	27～29
グリシン	18, 70

索 引

クリステ	5
グリセルアルデヒド3-リン酸	46
グリセロール（グリセリン）	22, 23, 45
クリック（Crick）	60, 63
グルカゴン	110
グルコース	25, 45, 46
グルタミン	18, 52, 70
──酸	18, 52, 70
グルドン（Gurdon）の核移植実験	98, 99
クローニング	126
クローバー葉モデル	69
クローンカエルの作製	99
グロブリン	103
クロマチン（染色質）	5
クロロフィル	33, 40
クロロプラスト	39
形質	
──発現	63, 66, 67
遺伝──	53, 66
対立──	54
優性──	54
劣性──	54
形成層	12
形成体（オーガナイザー）	96
血液	101
──型	121
──の成分	102
ヒトの──循環	102
血管の拡張と収縮	106, 110
血球	102
結合組織	8, 9
血漿	102
血小板	102
血青素（ヘモシアニン）	33
血糖量調節のしくみ	110
α-ケトグルタル酸	48
ゲノム	79, 123, 125
ヒト・──	61
原核細胞	1, 2
嫌気呼吸	46, 51
原口背唇部	96
減数分裂	54, 55, 80, 82, 84
交感神経	105, 106
好気呼吸	51
抗原抗体反応	116
光合成	39, 41
──代謝の第一過程	41
──代謝の第二過程	41
交雑	53, 54
恒常性（ホメオスタシス）	38, 101
甲状腺刺激ホルモン	111
酵素	36
──活性に対する温度の影響	37
──活性に対するpHの影響	37
──阻害剤	38
──の活性部位	36
──の分類	38
抗体	116, 117
好中球	113
合胞体（シンシチウム）	86
酵母菌	51
抗利尿ホルモン	109
呼吸	46, 50
──運動の調節	105
五炭糖（ペントース）	25
骨髄	114
コドン	70
コハク酸	48
コルク形成層	12
ゴルジ体	4, 6
コレステロール	24
コーンバーグ（Kornberg）	64

【さ】

細菌	2
再生医療	128
サイトカイン	116, 121
細胞	
──外消化	44
──間接着物質	97
──骨格	4, 6
──死	99
──周期	77
──小器官	3, 4
──内消化	44
──の構成成分	15
──の構造	2
──壁	2, 8
細胞性免疫のしくみ	116
細胞分裂周期	77～79
細胞膜の分子構造	3
雑種	
──第一代	53
──遺伝子──	54, 55
酸化	
──還元酵素	38
──的脱炭酸反応	48
──的リン酸化	50
シトクロム──酵素	50
三炭糖	25
cAMP	33
CoA	47～49
紫外線	72, 74, 75
自家受精	54, 56
G_1期	77
G_2期	77
色盲	58
始原生殖細胞	86
自己免疫	119
脂質	15, 21, 103
──二重層	3
──の分類	22
糖──	24
視床下部	103, 107, 109
システイン	18, 70
シッフ試薬	5
cDNA（相補的DNA）	61
GTP	48
シトクロム酸化酵素	50
シトシン	30
シナプス	10, 105
脂肪酸	22
C末端	19
従属栄養生物	35, 43
宿主細胞	126
受精	83, 86
──卵	77, 83
シュペーマン（Spemann）	93, 95, 96
──のイモリ卵割球分離の実験	94
──の原口背唇部の移植実験	97
主要組織適合（MHC）抗原	122
消化	44
娘細胞	55
硝酸菌	52
ショウジョウバエ	54
常染色体	57, 79
小脳	103
上皮組織	8, 9
小胞体	4, 6
除去修復	74, 75
食細胞	113
植物	
──の遺伝子テクノロジー	126
──の器官	11
──の組織系	12
被子──	8
マメ科──	52
植物細胞の特徴	2
食物連鎖	52
ショ糖	27
自律神経系	101, 103, 104
──と内分泌系による調節	109
仁（核小体）	5
ジーン	54
真核細胞	1～3
真核生物	62, 67
神経	
──細胞	10
──組織	10
──胚	90
交感──	105, 106
自律──	101, 103, 104, 109
中枢──	103
副交感──	105, 106
末梢──	103, 104
人工臓器	128
シンシチウム（合胞体）	86
親水性	23, 24
──化合物	23
心臓拍動の調節	105
随意筋	10

髄質	103
膵臓	107, 109
水素伝達系	50
スクロース（ショ糖）	27
ステアリン酸	22
ステロイド類	24
ストロマ	42
スプライシング	61
スペーサー	60
性	
──決定の様式	56, 57
──周期の調節	109
──染色体	56, 79
精子の形成	85
生殖細胞	79, 84
始原──	86
精巣	107
生体	
──触媒	36
──防御機構	113
成体の形成	91
正中線	94
脊髄	103
脊椎動物のホルモン	108
赤緑色盲	58
赤血球	21, 102
セリン	18, 70
セルロース	7, 28
セロトニン	121
前駆体mRNA	66
染色質（クロマチン）	5
染色体	59, 79
X──	57
常──	57, 79
性──	56, 79
相同──	55, 79
Y──	58
先体反応	87
臓器移植	122
桑実胚	90
相同染色体	55, 79
即時型アレルギー	120
組織液	101
疎水結合	3
疎水性	24

【た】

体液性免疫のしくみ	116
体温調節のしくみ	111
体細胞分裂における形態変化	81
代謝	40, 44, 46
エネルギー──	35
大脳	103
対立形質	54
唾液アミラーゼ	37
多細胞生物	1, 77
他精に対する防壁機構	87, 88

多精に対する防壁機構	88
多糖類	28
タバコモザイクウイルス	7
単球	102, 113, 114
単細胞生物	1, 77
炭水化物	15
単糖	25
──の構造	25, 26
タンパク質	15, 16, 59
──の一次構造	20, 21
──の合成	62, 66, 67
──の三次構造	20
──の二次構造	20
──の四次構造	20
mRNAと──合成	68
遅延型アレルギー反応	121
窒素固定	52
チミン	30
中心体	4, 6
中枢神経系	103
中枢リンパ系組織	115
中脳	103
中胚葉	88
チラコイド膜	40
チロキシン	111
チロシン	18, 70
tRNA	6, 62
──のクローバー葉モデル	69
DNA	1, 30, 59
──二重らせん	30, 59, 60
──の形質発現	67
──の構造	31
──の修復	72, 74
──の損傷	72, 73
──の半保存的複製	64
──ポリメラーゼ	64, 75
──リガーゼ	75
T細胞	114, 117
キラー──	114
ヘルパー──	114, 120
抑制──	114
TCA回路	48, 49
Tリンパ球	114
デオキシリボース	30
テストステロン	24
鉄イオン	33
テーラーメイド医療	125
転移酵素	38
電子伝達系	44, 48, 50
転写	60, 61, 71
逆──	126
デンプン	28
銅イオン	33
同化	44, 51
道管	13
動原体（セントロメア）	79
糖脂質	24

糖質	25, 103
──コルチコイド	110
糖尿病	126
動物	
──細胞	2
──の器官系	10
──の生殖細胞の形成	84
──の組織	8
特異的防御機構	113
独立栄養生物	35, 39
トランスジェニック植物	126
トリアシルグリセロール	22, 23
トリオース	25
トリカルボン酸回路	48
トリグリセリド	22
トリプシン	37, 45
トリプトファン	18, 70
ドリューシュ（Driesh）	93
──のウニ卵割球分離の実験	94
トレオニン	18, 70
トロンボプラスチン	103
貪食細胞	113

【な】

内胚葉	88
内分泌系による調節	106, 109
内分泌腺	107
ナトリウムイオンの調節	109
ニコチンアミドアデニンジヌクレオチドリン酸	40
二重層膜	3
二次リンパ器官	115
二糖類の構造	27
二倍体生物	79
乳酸	51
──菌	51
──発酵	51
乳糖（ラクトース）	27
ニューロン	10, 124
ヌクレオチド	60, 65, 69
──鎖	30, 63, 64
ネクローシス	99
脳	103, 123, 124
──下垂体前葉	110
嚢胚	90
ノルアドレナリン	105

【は】

胚細胞の造形運動	98
バインディング分子	87, 88
パーキンソン病	124
麦芽糖（マルトース）	27
白質	103
バクテリオファージ	7, 126
バソプレッシン	109
白血球	102, 113
発酵	51

発生	88, 93
バリン	18, 70
パルミチン酸	22
伴性遺伝	57, 58
万能細胞	128
半保存的複製	64, 65
光回復	74
B細胞	114, 116, 117, 120
非自己	113, 117
被子植物	8
皮質	103
ヒスタミン	121
ヒスチジン	18, 70
必須アミノ酸	19
必須脂肪酸	23
ヒト	
──精子	85
──の血液循環	102
──の主要リンパ球器官	115
──の染色体	79
──の内分泌腺	107
──の脳	104
──免疫不全ウイルス	119, 120
ヒト・ゲノム解析計画	61
表現型	55
ピリミジン	30
──塩基	30, 73
Bリンパ球	114
ピルビン酸	46, 47, 49, 51, 52
フィブリノーゲン	103
フェニルアラニン	18, 70
副交感神経	105, 106
複合脂質の構造	24
副甲状腺	107
副腎髄質	105
副腎皮質	110
──刺激ホルモン	111
不随意筋	10
不飽和脂肪酸	23
プラスミド	126
フラビン酵素	50
プリン	30
師部	12
フルクトース	45
プログラムされた細胞死	99
プロスタグランジン	121
プロテアーゼ	45
プロリン	18, 70
分枝酵素	51
分裂組織	11
平滑筋	10
ヘキソース（六炭糖）	25
ベクター	126
ヘテロ型	56
ペプシン	37, 45
ペプチド結合	19
ヘモグロビン	16, 20, 33, 102
ヘモシアニン	33
ペルオキシソーム	6
ヘルパーT細胞	114, 120
ペントース（五炭糖）	25
胞子	77
放射線	72, 73
紡錘体	79, 82
胞胚形成	90
飽和脂肪酸	23
補酵素	40, 49, 52
ホスファチジルコリン	24
ホメオスタシス	38, 101
ポリペプチド	19
ホルモン	
──による内部環境の調節	106
甲状腺刺激──	111
抗利尿──	109
脊椎動物の──	108
副腎皮質刺激──	110
翻訳	60, 61, 68, 69

【ま】

マイトマイシンC	73
マグネシウムイオン	33, 38
マクロファージ	113, 114, 120, 121
末梢神経系	103, 104
末梢リンパ系組織	115
マメ科植物	52
マルターゼ	44
マルトース（麦芽糖）	27
ミオグロビン	20
ミオシン	16
ミクロソーム（小胞体）	4
水	15
ミセル	23
ミトコンドリア	4, 5
──内膜	50
ミネラル	33
無機塩類	33, 109
無機質	33
無機成分	103
明反応	41
メチオニン	18, 70
免疫	113
──寛容	119
──グロブリン	116, 118
──系	113, 115
──のしくみ	116
──反応	122
──不全	119
──抑制剤	122, 128
細胞性──	115
自己──	119
体液性──	115, 116, 118
メンデルの法則	53

モーガン（Morgan）	54
木部	13
モザイク卵	94
モノー（Monod）	72
モノガラクトシルジアシルグリセロール	24

【や】

野生型	57
有糸分裂	80
優性	
──形質	54
──の法則	55
誘導適合説	36, 37
UTP（ウリジン三リン酸）	51
葉緑体	4, 7, 33, 39
抑制T細胞	114

【ら】

ラクトース（乳糖）	27
卵割	88, 90
卵形成	83
ランゲルハンス島	109
卵巣	107
リアーゼ	38
リガーゼ	38
リジン	18, 70
リソソーム	6
リゾチーム	113
立毛筋	111
リパーゼ	37, 45
リプレッサー	72
リボ核酸	5
リボース	30
リボソーム	4, 5, 68
流動モザイクモデル	3
リンパ	
──液	101, 103
──器官	115
──球	102, 114
中枢──系組織	115
末梢──系組織	115
リンホカイン	116
レシチン	24
レシピエント	122
劣性形質	54
レトロウイルス	126
ロイコトリエン	121
ロイシン	18, 70
六炭糖（ヘキソース）	25

【わ】

Y染色体	58
ワクチン	127
ワトソン（Watson）	60, 63

● 著者紹介 ●

松村 瑛子(まつむら えいこ)
1938年　満洲生まれ
1961年　大阪薬科大学薬学部卒業
2012年　逝去
現　在　元 大阪薬科大学教授
専　攻　細胞生物学
農学博士

安田 正秀(やすだ まさひで)
1947年　岐阜市生まれ
1970年　大阪薬科大学薬学部卒業
現　在　前 大阪薬科大学准教授
専　攻　実験動物科学
医学博士

《基礎固め》生　物

2002年3月10日　第1版第1刷発行	著　者　松村　瑛子
2025年2月10日　第23刷発行	安田　正秀

検印廃止

発行者　曽根　良介
発行所　㈱化学同人

JCOPY〈出版者著作権管理機構委託出版物〉

〒600-8074　京都市下京区仏光寺通柳馬場西入ル

本書の無断複写は著作権法上での例外を除き禁じられています．複写される場合は，そのつど事前に，出版者著作権管理機構（電話 03-5244-5088，FAX 03-5244-5089，e-mail: info@jcopy.or.jp）の許諾を得てください．

編集部　TEL 075-352-3711　FAX 075-352-0371
企画販売部　TEL 075-352-3373　FAX 075-351-8301
振　替　01010-7-5702

本書のコピー，スキャン，デジタル化などの無断複製は著作権法上での例外を除き禁じられています．本書を代行業者などの第三者に依頼してスキャンやデジタル化することは，たとえ個人や家庭内の利用でも著作権法違反です．

E-mail　webmaster@kagakudojin.co.jp
URL　https://www.kagakudojin.co.jp
印刷・製本　大村紙業株式会社

Printed in Japan © E. Matsumura, M. Yasuda　2002　無断転載・複製を禁ず　　ISBN978-4-7598-0896-4
乱丁・落丁本は送料小社負担にてお取りかえいたします．